정답을 넘어서는 토론학교

과학

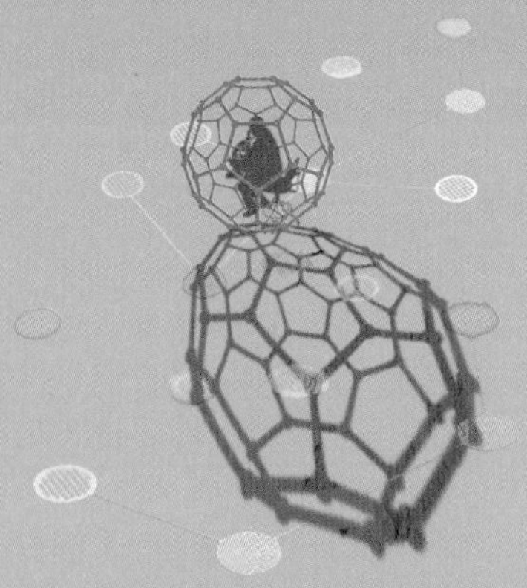

정답을 넘어서는 토론학교

과학

가치를꿈꾸는과학교사모임 지음

우리학교

토론학교에 오신 것을 환영합니다

준비물은 잘 챙겨 오셨나요?
시계와 연필, 메모지, 그리고 꼭 이기겠다는 마음을 가져왔다고요?
그런데 가장 중요한 것이 빠져 있네요. 바로 '여러분의 입장'입니다.

토론은 세상에 던져진 커다란 질문에 답하는 과정입니다.
무엇이 옳고 그른지 질문을 던지고, 그 타당성을 따져 가는 과정입니다.
어디선가 들었던 말, 막연하게 알고 있던 생각만으론 어렵습니다.
참고서의 정답과 해설을 외우는 것도 별 도움이 되지 않습니다.

내 생각이 맞을까 틀릴까 걱정하지 마세요.
다른 사람이 어떻게 생각하나 눈치 보지 마세요.
여기 토론학교의 안내를 따라 찬성의 숲과 반대의 숲을 통과한 다음
스스로의 힘으로 결론을 내려 나만의 입장을 찾아봅시다.
내가 생각하는 사람다움은 어떤 것일까?
내가 생각하는 좋은 세상이란 어떤 모습일까?
그리고 내가 찾아낸 내 입장이 이런 내 생각과 꼭 맞아떨어지는가?

내 입장이 정해지면 다른 사람의 입장도 이해할 수 있습니다.
자기 생각이 없을 때 우리는 무조건 방어하고 공격하게 됩니다.
논리적으로 내 입장을 세울 수 있게 되면
다른 사람의 생각에도 진심으로 공감할 수 있습니다.

이기려고만 하는 토론, 갈등의 골이 더 깊어지는 토론이 아니라
상대를 배려하고 존중하는 토론, 문제를 함께 해결해 나가는 토론이 시작됩니다.

토론을 통해 우리는
다른 사람들의 의견도 만나고 새로운 사실도 깨닫게 될 것입니다.
내가 몰랐던 다른 생각과 세상의 모습에
자꾸만 더 새로운 질문이 쏟아져 나올 것입니다.

그동안 가만히 듣고, 조용히 읽고, 묵묵히 받아쓰기만 했다면
이제 토론학교에서 내 힘으로 생각하는 법,
내 목소리로 말하는 방법을 배워 봅시다.
정답을 찾는 공부가 아니라 질문을 던지는 공부를 시작합시다.

틀려도 괜찮습니다.
여러분의 생각을 당당하게 말해 보세요.

『정답을 넘어서는 토론학교_과학』 개정판을 펴내며

우리가 학교에서 배우는 과학은 대개 답이 명확한 지식입니다. 하지만 우리가 사는 세상에 얽혀 있는 과학은 그리 선명하지만은 않습니다. 특히 요즘에는 과학과 관련된 이슈로 종종 사회가 뜨거운 논쟁에 휩싸이곤 하는데요, 어떤 주장이 옳고 그른지 과학 시험지의 정답처럼 명확하게 판단할 수 없을 때가 더 많습니다.

오늘날 우리들의 삶은 과학을 떼어 놓고는 생각하기 어렵습니다. 나날이 발전하는 첨단 의료 기술과 탈 것들, 통신 수단부터 각 가정에서 사용하는 전기와 물, 우리가 매일 먹는 밥상의 식재료에 이르기까지 모두가 현대 과학의 영향력 아래에서 생산되는 것들입니다. 과학기술의 발전은 우리의 생활을 편리하고 풍요롭게 만들어 주었지만 한편으로는 전에 없던 새로운 문제를 일으키고, 예측할 수 없는 위험이나 심각한 사회 윤리적 문제를 던져 주기도 합니다.

이처럼 과학이 사회 구성원 모두에게 영향을 미치고 있지만, 과학 정책의 결정은 소수의 과학자와 정치인들에 의해 이루어지고 있습니다. 과학기술 문명으로부터 생겨나는 위험을 사회 구성원 모두가 감당해야 한다면, 과학기술의 발전 방향을 결정하는 일에도 사회 구성원들의 의사가 중요하게 반영되어야 합니다. 흔히 첨단 과학과 관련된 문제는 전문적인 지식을 갖춘 과학자들이 올바로 결정할 수 있는 것으로 생각하기 쉽습니다. 그러나 과학자들은 매우 좁은 범위인 자신의 전공 분야에 대해서만 전문적일 뿐이므로 오히려 과학기술의 수혜자이며 피해자가 될 수도 있는 일반인들이 과학자들의 도움을 받아 더 정확한 판단을 내릴 수 있지요.

가습기 살균제, 미세먼지, 알파고 등처럼 지금도 끊임없이 우리 사회 속에서 과학과 관련된 많은 쟁점들이 생겨나고 있습니다. 이 책은 최근 우리 사회를 떠들썩하게 하는 과학 이슈들을 찬반 토론 형식으로 재구성하여 양쪽의 입장에 대해 깊이 생각해 볼 수 있게 하였습니다. 원자력발전은 안전한 청정에너지를 생산하는 기술일까요? 신종 플루와 구제역 파동이 남긴 교훈을 통해 우리는 바이러스와 질병을 새롭게 이해할 수 있을까요? 4대강 개발, 극지방 개발과 같은 자연에 대한 인간의 개입은 또 어떻게 바라봐야 할까요? 이외에도 생태적 삶, 배아 줄기세포, 나노 기술, 유전자조작 식품과 같은 주제를 놓고 살아 움직이는 생생한 토론이 펼쳐집니다.

『정답을 넘어서는 과학』이 출간되고 8년이라는 시간이 흘렀습니다. 그 동안 과학기술뿐만 아니라 우리 사회에도 많은 변화가 있었습니다. 그래서 이번 개정판에 최신 사례와 정보를 담아 새롭게 출간했습니다. 이 책은 실험실 밖 과학의 세계로 여러분을 안내해 줄 것입니다. 과학기술이 '창조의 엔진'이 될지 '파괴의 엔진'이 될지는 오직 우리의 판단과 선택에 달려 있습니다. 여러분들이 이 책을 읽으면서 과학기술이 지닌 긍정적인 측면과 부정적 측면을 동시에 이해하고, 사회의 발전을 위해 과학이 어떤 방향으로 움직여 나가야 할지 고민해 보길 바랍니다. 우리가 과학의 사회적 책임을 인식하게 된다면 우리의 미래는 좀 더 건강하고 아름답지 않을까요? 이것이 가치를 꿈꾸는 과학교사들이 진심으로 바라는 일이랍니다.

2019년
가치를꿈꾸는과학교사모임

차례

1 극지방 개발

그래,

마지막 보물 창고인

극지방을 개발해야 해

아니야,

지구의 냉장고를

훼손해서는 안 돼

눈과 얼음의 나라 극지방. 수억 년 동안 단단하게 얼어붙어 있던 빙하가 최근 들어 급속히 녹아내리면서, 극지방을 둘러싼 이야기들도 한꺼번에 쏟아져 나오고 있습니다. 그 속에는 새로운 항로를 개척하고 자원을 개발하는 일이 쉬워진다고 기뻐하는 목소리와 해수면 상승이나 북극곰의 멸종을 우려하는 목소리가 함께 섞여 있지요. 지금 극지방에서는 개발권을 먼저 차지하기 위해 치열한 경쟁이 벌어지고 있습니다. 엄청난 자원이 묻혀 있는 데다가 첨단 과학에 응용될 다양한 연구와 실험이 가능한 극지방은 그야말로 무궁무진한 잠재력과 가능성을 지닌 곳이기 때문입니다. 그러나 늘 그렇듯 인간이 지나간 자리에는 발자국이 남습니다. 무분별한 개발은 생태계를 파괴하고 원주민들의 생존을 위협합니다. 더 나아가 전 지구적 기후 시스템의 붕괴까지 가져올 수 있지요. 지금보다 더 잘살 수 있는데 확실하지도 않은 미래를 걱정하며 개발을 그만두어야 할까요? 말 못하고 아파하는 다른 생명을 위해 인간이 무조건 양보해야 할까요? 국가나 기업이 환경을 위해 이익을 포기할 수 있을까요? 배려하고 절제하는 개발이 과연 가능할까요? 극지방 문제는 단순히 개발이냐 보존이냐를 결정하는 것을 넘어 수많은 질문에 답해야 하는 문제입니다.

생각 열기

● 이야기 하나

19세기 초반, 석유에 푹 절은 동토 몇 덩이를 잘라다 연료로 쓰던 북극의 원주민 이누피아트들은 이 검은 기름이 가져다줄 검은 미래를 상상이나 했을까? 1886년 미 해군 탐사 원정대의 북극 석유 발견, 1957년 최초의 상업적인 원유 채굴 시작. 그 결과 워싱턴의 두 배에 달하는 스모그와 산성비 발생. 어마어마한 목초지 파괴. 새와 곰과 여우의 서식지 감소. 1994년부터 1999년까지 알려진 석유 유출 사고만 1,600회로, 이때 흘러나온 석유의 양은 5,454킬로리터에 이르렀다. 하얀 대륙을 검게 물들인 석유 자본은 다시 새로운 석유를 찾아 더 깊이 더 멀리 북쪽으로 옮겨 가고 있다.

● 이야기 둘

지구상에 가장 거대한 핵 실험실은 바로 북극이다. 1961년 구소련은 히로시마에 투하된 것보다 6,000배나 더 강력한 58메가톤짜리 수소폭탄을 북극해의 노바야젬랴 섬에서 폭파시켰다. 이를 시작으로 구소련은 120차례나 북극에서 핵실험을 했고, 이 실험으로 발생한 낙진이 북극에 골고루 퍼졌다. 북극 감시 평가 보고서는 이 낙진 때문에 북극 전역에서 치명적인 암 750건이 추가로 발생할 가능성이 있다고 말했다. 미국은 알류샨 열도의 암치카 섬에서 미군 역사상 가장 큰 규모의 핵폭발 실험을 수차례 진행했다. 그 후로도 수많은 핵실험과 핵폐기물 장소로 이용된 북극. 방사성 물질은 얼음 속에 갇혀 저장되고, 원주민들은 그 얼음을 녹여 식수로 쓴다. 이들의 방사능 노출은 온대 지방 사람들보다 5배나 높으며, 방사능이 농축된 순록고기를 먹게 되면 15배까지 높아진다고 한다.

추운 얼음 나라 북극곰과 펭귄들, 아문센이나 섀클턴 같은 도전과 모험의 영웅들. 남극과 북극이라고 했을 때 사람들의 머릿속에 떠오르는 이미지들일 것입니다. 남극 하늘 위 오존층에 뚫린 구멍이나 녹아내리는 빙하와 솟아오르는 해수면이 생각났다고요? 환경 감수성이 살아 있군요! 우리는 평상시에 극지방에 대해 별로 생각하지 않습니다. 그러나 극지방에서 일어나고 있는 일을 우리와 상관없다고 무시할 수는 없습니다. 아래 글을 읽고 극지방에 관한 새로운 이미지를 떠올려 봅시다.

● **이야기 셋**

200여 년 전만 해도 존재조차 몰랐던 미지의 땅 남극대륙, 그러나 지금은 돈만 있으면 누구나 여객선의 표를 사서 커다란 창문을 통해 얼음으로 뒤덮인 바다를 바라보며 편안하게 저녁식사를 할 수 있는 곳이 되었다. 1964년, 56명의 사람들이 아르헨티나의 우수아이아에서 출발해 최초로 남극 관광에 나섰고, 2017년이 되자 여름 한철 관광객 수만 4만 5,000명에 이르렀다. 보통 한 달이면 다 썩는 바나나껍질도 기온이 낮은 남극에서는 분해되는 데 180년이 걸린다. 때문에 남극 여행자들은 발자국 외에 아무것도 남기지 말아야 한다. 심지어 멀리 떨어져 야생 생물을 보기만 하는 것조차 환경에 부작용을 낳는다. 알을 품고 있는 아델리 펭귄은 3미터나 떨어진 곳에 사람이 서 있어도 심장박동 수가 급격히 증가하고, 펭귄들이 자주 다니는 길에서 20미터 떨어진 곳에 사람이 서 있어도 원래 길보다 70미터나 떨어진 먼 길을 돌아간다. 한 명의 구경꾼 때문에 1만 2,000마리나 되는 펭귄들이 힘들게 먼 길을 돌아가는 것이다. 그게 무슨 대수냐고? 남극같이 험난한 환경에서 얻을 수 있는 에너지는 극도로 적다. 사람으로 인한 예상할 수 없던 에너지의 손실은 펭귄에겐 심각한 위협이 된다. 발자국만 남겨도, 가만히 구경만 해도 이미 인간은 남극의 침입자다. 그러나 관광객들은 함부로 펭귄에게 손을 대고 셀카를 찍고 쓰레기를 버리느라 바쁘다. 사람들에게 묻어 들어온 새로운 식물이 남극에 번성하고, 펭귄의 일부 개체군에서는 인간에 의해 전염된 것이 분명한 조류 독감 바이러스 항체마저 발견되었다.

그래,
마지막 보물 창고인
극지방을 개발해야 해

우리나라 최초의 쇄빙선 '아라온'

"부우웅, 부우웅!"

자랑스러운 태극기를 단 우리나라의 쇄빙선 '아라온'입니다. 바다를 뜻하는 순우리말 '아라'에 관형사 '온'을 붙여 지은 이름입니다. 극지방을 향한 우리나라의 스위치는 깜빡깜빡 불이 들어온 'ON' 상태입니다.

"뿌지직, 뿌직!"

얼음들이 쉴 새 없이 갈라지는 소리가 들리나요? 쇄빙선이란 얼음을 깨는 배를 말합니다. 쇄빙선의 앞부분은 일반 배보다 몇 배나 두꺼운 강철판으로 되어 있어서 강력한 엔진의 힘으로 앞으로 나아가며 얼음을 깹니다. 얼음이 너무 두꺼워 잘 깨지지 않을 때는 쇄빙선이 직접 얼음 위에 올라타서 배의 무게로 얼음을 찍어 누르지요.

© 극지연구소

쇄빙선 '아라온'이 얼음을 깨며 앞으로 나아가고 있다.

이 원리를 자세히 살펴볼까요?

쇄빙선 바닥에는 물탱크가 여러 개 연결되어 있습니다. 이 물탱크 속의 물을 배 뒷부분으로 보내면 뱃머리가 가벼워져 배의 앞쪽이 약간 들리게 됩니다. 바로 이때 쇄빙선이 얼음 위에 올라타는데, 쇄빙선의 앞부분은 얼음을 잘 올라탈 수 있도록 일반적인 배들보다 훨씬 가파르게 경사져 있습니다. 쇄빙선이 얼음 위에 올라타면 배 뒤로 보냈던 물을 앞으로 보내 배의 무게를 앞쪽으로 쏠리게 만들어 얼음을 짓눌러 깨뜨립니다. 배는 물 밖으로 나오면 물속에 있을 때보다 훨씬 더 무거워집니다. 여러분도 물속에 있다가 팔을 들어 올려 물 표면으로 올라오는 순간 힘겹다고 느낀 적이 있을 거예요. 물속에서는 중력과 반대 방향으로 힘이 작용하는데, 이 위쪽으로 작용하는

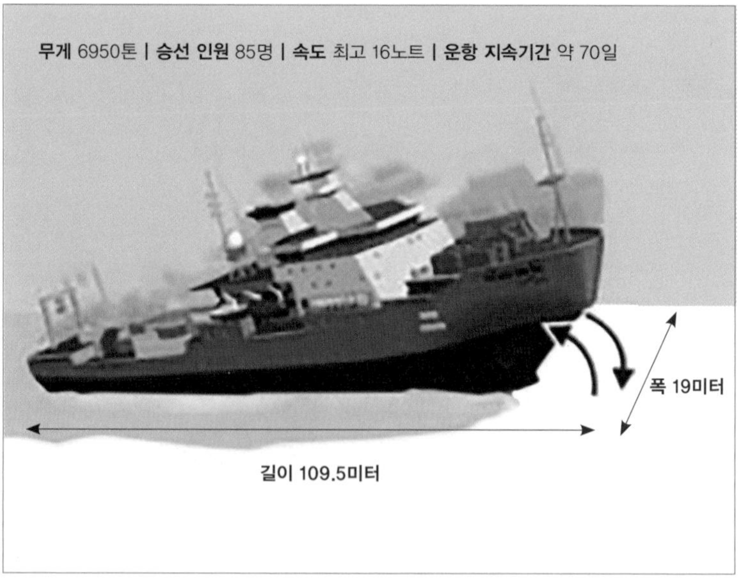

강한 추진력으로 배 앞머리를 들어 올려서 쇄빙선의 무게로 얼음을 깬다. 아라온의 앞머리에는 아이스 나이프가 달려 있어서 최고 1미터 두께의 얼음을 깨는 것이 가능하다.

힘을 부력■이라고 합니다. 부력 때문에 물속에서는 가볍게 느껴지다가 물 밖에서는 본래의 무게가 다 느껴져 갑자기 무겁게 생각되는 것입니다. 쇄빙선도 같은 원리입니다. 물속에서는 부력 덕분에 떠 있다가 물 밖으로 나와서는 쇄빙선 그대로의 무게를 이용해 얼음을 짓눌러 깨는 것이지요.

이 원리를 고래에게도 적용해 볼까요? 고래같이 무거운 동물이 만약 물 밖에 산다면 자신의 무게를 이기지 못해 내장이 눌리거나 호흡곤란으로 질식해서 죽게 되겠지만 다행히 물속에 살기 때문에 중력의 영향을 덜 받아 그 커다란 몸집을 유지하면서 살 수 있는 것입니다. 그래서 우리처럼 새끼를 낳는 포유류인데도 물속에 사나 봅니다.

■ **부력**
물체를 액체 속에 넣으면 그 물체를 중력과 반대 방향으로 위로 밀어 올리려는 힘. 물속에 있는 물체는 공기 속에 있는 물체보다도 들어올리기가 쉬우며, 물체의 밀도가 물보다 작으면 물 위에 뜨기도 한다.

무궁무진한 가능성을 가진 극지방

크기는 작지만 기능이 우수한 쇄빙선 아라온은 우리나라 남극 연구기지의 자랑입니다. 남극에 기지를 둔 30여 개의 나라 가운데 우리나라와 폴란드 두 나라만 쇄빙선이 없다가 2009년에 드디어 진수■했지요. 해양 생물, 해저 지질, 남극의 자원과 해양, 대기와 빙하 등 남극과 남극해를 연구하는 관련 장비만 60여 종이 실려 있고, 큰 쇄빙선이 접근하기 어려운 수심이 얕은 빙하에도 접근할 수 있어 국지적인 연구와 조사를 할 수 있다는 장점이 있습니다. 2018년에는 아라온을 이용해 남극 바다의 탄소순환 원리를 밝혀냈고, 2019년에는 고립된 중국 과학자들을 구조하기도 했지요. 남극 기지인 장보고기지에 물품을 보급하고, 북극까지 진출해 북극해의 자원을 탐사하고 연구하는 '바다 위의 연구소' 역할을 톡톡히 하고 있습니다. 쇄빙선

■ **진수**
새로 만든 배를 조선대에서 처음으로 물에 띄움.

아라온의 개발은 시대에 발맞추는 최소한의 도전이자 극지방을 향한 우리나라의 자랑스러운 발자국입니다.

남극과 북극을 아우르는 극지방에는 우리가 모르는 박테리아와 같은 생물자원과 메탄가스 같은 에너지 자원, 크릴과 같은 풍부한 수자원이 존재합니다. 특히 넓이가 호주의 2.5배에 달하는 남극은 지구상에 존재하는 민물의 70퍼센트를 보유하고 있는 광활한 대륙으로, 엄청난 자원을 갖고 있지요. 또 북극은 현재 전 세계 석유 매장량의 25퍼센트를 차지할 정도로 엄청난 자원이 존재하는 것으로 알려져 있습니다. 최근 지구온난화로 북극의 얼음이 녹아 극지방 접근이 쉬워지면서 새로운 항로에 대한 관심도 높아지고 있고요. 이뿐만이 아닙니다. 빙하의 퇴적물을 연구하면 지구의 역사도 알 수 있고, 지구온난화에 따른 변화나 그 원인도 연구할 수 있습니다. 우리나라는 극지방에서 노화에 강한 박테리아를 발견해 주름살 방지 화장품을 만들거나 영하의 환경에서도 정상적으로 자라는 생물의 유전자를 활용해 겨울에도 잘 자라는 배추의 품종을 새로 개발하는 등 다양한 연구를 수행하고 있습니다.

이처럼 극지방에는 연구할 거리, 개발할 거리가 무궁무진합니다. 다시 말해 경제적 가치가 높은 곳이지요. 이런 까닭에 극지방을 둘러싸고 현재 총성 없는 전쟁이 벌어지고 있습니다. 극지방 근처의 국가들뿐만 아니라 멀리 있는 국가들까지 극지방 연구과 자원 확보에 사활을 걸고 있는 것입니다.

도전과 모험의 얼음 땅에 누가 먼저 국기를 꽂을 것인가?

세계화 시대로 접어들어 국가 간 교역이 늘어난 오늘날, 북극항로는

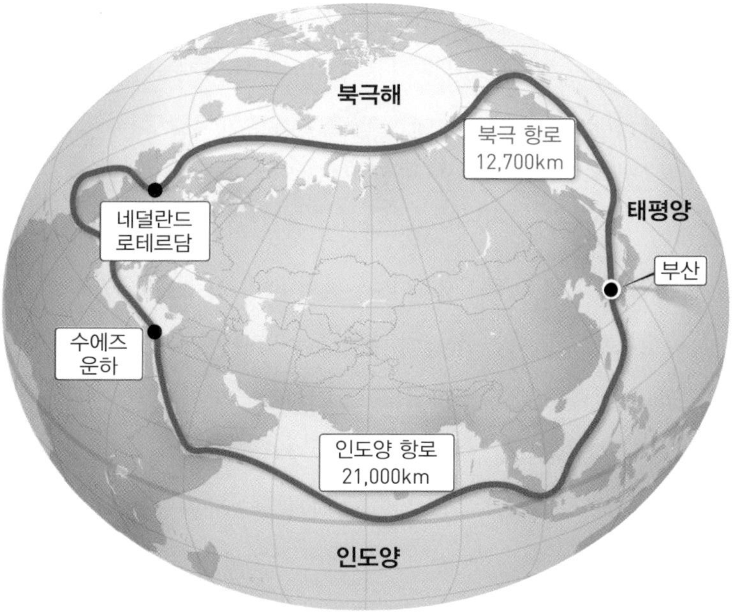

부산에서 네델란드 로테르담까지 갈 때 북극항로는 14일, 인도양 항로는 24일이 걸린다.

새로운 희망이 되고 있습니다. 그동안 항로를 개척하는 데 방해가 되었던 얼음이 지구온난화로 녹아 사라지면서, 새로운 항로 개척의 기회를 가져다주었기 때문입니다. 북극항로는 북극해를 가로질러 유럽으로 향하는 길입니다. 일본 도쿄에서 영국 런던으로 가는 경우 수에즈 운하■를 이용하면 21,000킬로미터, 파나마 운하■를 이용하면 23,000킬로미터나 되는데 북극항로를 이용하면 그 거리가 12,700킬로미터로 단축된다고 합니다. 수에즈 운하 대신 북극항로를 이용하면 소말리아 해적이 들끓는 위험한 지역을 지나지 않아도 되는 데다 거리가 단축되어 항해 날짜도 열흘 정도나 줄어들게 됩니다. 상품 운반에 드는 시간과 비용이 획기적으로 줄어드는 것이지

■ **수에즈 운하**
아시아와 아프리카 대륙의 경계인 이집트의 시나이 반도 서쪽에 건설된 세계 최대의 운하. 아프리카를 우회하지 않고 곧바로 아시아와 유럽이 연결되는 통로. 지중해의 포트사이드 항구와 홍해의 수에즈 항구를 연결하고 있다.

■ **파나마 운하**
남아메리카와 북아메리카 대륙을 잇는 좁고 잘록한 땅인 파나마 지협을 횡단하여 태평양과 대서양을 잇는 64킬로미터의 운하.

요. 이미 미국과 캐나다, 러시아가 경쟁적으로 항구를 건설하고 쇄빙선을 만드는 등 세계 거대 자본과 기업들이 극지방에 대규모 투자를 하고 있습니다. 2017년에는 핀란드 쇄빙선 '노르디카'호가 북극항로를 최단시간 신기록을 세우며 통과했고, 2018년에는 덴마크의 컨테이너선 '벤타 머스크'호가 세계 최초로 화물을 싣고 북극항로를 가로지르는 데 성공했지요. 이 두 척의 배가 모두 우리나라 부산항을 출항지로 삼았다는 사실에 주목해야 합니다. 부산과 포항 등 우리나라 항구가 크게 발전할 수 있는 기회가 눈앞에 있는 것입니다.

항로뿐만이 아닙니다. 최근 미국 지질학 조사단에 따르면 지구온난화로 인해 북극해를 덮고 있는 빙하가 녹아내리면서 이곳에 매장된 석유를 쉽게 얻을 수 있는 가능성이 증가했다고 합니다. 검은 황금(black gold)으로 불리는 석유의 채굴 가능성이 높아지자, 아직 채굴되지 않은 석유와 가스가 가장 많이 매장되어 있는 그린란드의 독립을 원하는 목소리도 높아지고 있습니다. 이미 알래스카에서는 북아메리카 최대의 유정이 개발되어 30여 년간 석유를 공급해 왔고요. 이런 가운데 러시아는 북극해를 가로지르는 해저 산맥인 로모노소프 해령에 러시아 국기를 꽂고 이 주변을 러시아 영토라고 주장하고 있습니다. 이곳에 묻힌 대량의 광물 및 석유 자원을 차지하기 위해서입니다. 이렇게 영토 주장을 하게 되면 다른 나라가 해저면을 연구하기 위해서는 허가를 받아야 하므로 연구 활동이 제한적일 수밖에 없고, 정치적 변화가 발생하면 연구 활동도 금지될 수 있어서 많은 해양학자들이 우려를 표하고 있습니다. 그럼에도 북극해 연안에 있는 뉴질랜드, 브라질, 아일랜드, 영국도 앞다투어 북극 해저면이 자국의 영토라는 사실을 입증하는 증거 서류를 내놓고 있습니다. 극지방이 단지 일시적인 부만을 약속해 주는 지역이 아니기 때문입니다. 극지방

© 극지연구소

북극 다산과학기지

은 인류에게 마지막 남은, 무한한 기회와 가능성의 땅입니다.

이처럼 각국의 극지방 개발이 활발한 가운데 남위 60도 이남에서 남극의 평화적 이용과 과학 연구의 완전한 자유를 보장받는 '남극조약■'에 우리나라가 가입되어 있는 것은 참으로 다행입니다. 우리나라는 1986년 33번째로 뒤늦게 남극조약에 가입해, 남극 과학기지인 세종기지를 세웠습니다. 그러나 킹조지 섬에 위치한 세종기지는 남극권■ 밖인 아남극권(남위 62도 13분)에 위치해 있기 때문에, 사실 남극으로 분류되는 위도 커트라인에 4도나 모자란 실정입니다.

뿐만 아닙니다. 여러분도 2003년 악천후로 실종된 동료들을 구하러 가다가 고무보트가 뒤집혀 순직한 전재규 대원의 이야기를 들어 보았을 거예요. 당시에 쇄빙선이 있었다면 사고를 막을 수 있었을지

■ **남극조약**
1959년 12월 미국, 영국, 소련, 일본 등 12개국이 참가하여 남극의 평화적 이용, 과학적 탐사의 자유, 영유권의 동결, 핵 실험 금지와 같은 조약을 체결하였고, 1961년 6월 발효되었다.

■ **남극권**
남반구에서 따졌을 때 위도 66.5도에서 극까지의 지역을 말한다.

도 모릅니다. 그의 죽음으로 우리나라가 쇄빙선도 보유하지 못한 채 극도로 열악한 환경에서 남극을 탐사하고 있다는 사실이 알려졌고, 남극에 대한 국민들의 관심도 높아졌습니다. 아라온은 그 희생을 바탕으로 만들어진 것이지요. 이제 더 이상 누군가의 희생으로 뒤늦은 개발이 이루어져서는 안 됩니다.

다행히 우리나라는 2002년 북극에 다산과학기지를 세운 데 이어 2014년 남극대륙 본토에 장보고과학기지를 세웠습니다. 북극의 석유와 천연가스 개발에도 참여하기 시작했고요. 극지방에 대한 세계적인 관심이 증대되고 있는 추세에 발맞춰 우리나라의 극지 연구와 개발 역시 박차를 가해야 합니다.

개발의 발목을 잡는 환경주의론

활발한 극지방 개발의 한편에는 극지방 환경을 염려하는 우려의 목소리도 있습니다. "극지방의 생태계가 파괴되고 있다. 북극곰이 멸종될 것이다. 지구에 기후 대재앙이 올 것이다." 라면서요. 그러나 오히려 기후가 따뜻해짐에 따라 몇몇 개체군은 생존에 유리한 조건을 맞이하기도 합니다. 실제로 남극의 기온 상승과 바다얼음의 감소가 황제펭귄에게는 좀 더 유리한 환경을 조성해 줄 거라는 예상도 있습니다. 황제펭귄은 남극에 사는 펭귄 가운데 유일하게 얼음 위에 알을 낳습니다. 비교적 따뜻한 해안가에 알을 낳는 다른 펭귄들과는 생존 환경이 많이 다르지요. 이처럼 황제펭귄은 극한 지대에 살기 때문에 늘 남극의 혹한 속에서 사투를 벌여야 합니다. 하지만 남극의 온도가 조금 올라갈 경우 그런 곤란과 역경이

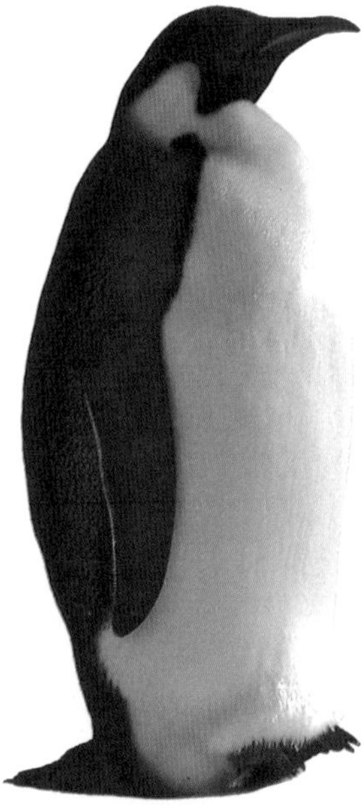

덜해질 수 있습니다.

남극의 풍경도 조금씩 변해 가고 있습니다. 2000년대 초까지만 해도 찾아보기 힘들었던 남극제비갈매기가 최근 들어서는 10~20마리씩 떼를 지어 해변가를 날고 있습니다. 그리고 도둑갈매기뿐만 아니라 과거에 발견하기 힘들었던 북극제비갈매기도 쉽게 찾아볼 수 있습니다. 남극에는 없던 현화식물■도 등장했습니다. '남극좀새풀'이라는 남극 잔디가 영구 동토층■에 깔리고 있고, '남극개미자리'도 남극좀새풀에 비해 비교적 커다란 꽃을 피우며 자리를 잡고 있습니다. 남극에 현화식물이 등장했다는 것은 남극의 상징이었던 추위와 바람이 그만큼 수그러들어 육지의 영구 동토층이 붕괴돼 뿌리 식물이 자랄 수 있는 여건이 마련되었다는 뜻입니다.

남극은 지금 잔디가 덮인 곳에 얼음과 눈이 녹아 작은 시내가 흐르는 등 마치 우리나라의 아름다운 봄처럼 장관을 이루고 있습니다. 생태계가 파괴되었다기보다는 오히려 개체군이 늘어난 것이지요. 즉, 환경이 변하면 어떤 개체군은 위험해지기도 하지만 그 환경에 적응하는 개체군도 생기기 마련입니다. 지구에 기후 대재앙이 온다고 하지만 아직 예측일 뿐이며, 기후의 작은 변화는 과거에도 있어 왔습니다. 극지방 개발보다는 지구온난화라는 큰 문제가 지구에 더 많은 기후변화를 일으키는 요인입니다. 지구온난화의 원인과 해결 방법을 찾기 위해서라도 극지방에 더 많은 연구 및 투자와 개발이 이루어져야 합니다. 남극과 북극을 덮은 얼음은 과거 지구의 환경을 반영하는 여러 가지 기록들을 간직하고 있는 지구의 온도계이자 냉동 타임캡슐■이기 때문입니다.

"지구온난화로 인해 북극이 녹고 있다. 북극이 녹으면 해수면이 높아진다. 해수면이 높아지면 육지가 잠길 것이다."라는 말을 어디

■ 현화식물
꽃을 피우는 식물로 밑씨가 씨방 안에 들어 있는 식물을 말한다.

■ 영구 동토층
월평균 기온이 영하인 달이 반년 이상 계속되어 땅속이 1년 내내 언 상태로 있는 지대로, 시베리아 북부의 가장 깊은 곳은 지하 50m에 이르기도 하며 남쪽으로 갈수록 얇아진다.

■ 냉동 타임캡슐
빙하는 눈이 얼어서 굳은 얼음으로, 물이 얼어서 굳은 얼음과 다르게 나무의 나이테처럼 1년 동안 쌓인 층을 나타내며 현미경으로 빙하를 들여다보면 작은 공기 방울들이 관찰된다. 이 공기 방울 속에 수십만 년 전에 있었던 지구의 환경 변화가 고스란히 기록되어 있어 빙하를 '냉동 타임캡슐'이라고 한다.

선가 들은 적이 있을 것입니다. 이는 복잡한 기후변화 메커니즘을 지구온난화 하나로 몰아가는 허술한 논리에 지나지 않습니다. 왜냐하면 북극이 아니라 남극이 녹아야 육지가 잠길 만큼 해수면이 높아지기 때문입니다. 해수면이 올라가려면 물에 떠 있는 얼음이 아니라 대륙을 덮고 있는 얼음이 녹아야 합니다. 북극은 바다로 이루어져 있는 지역이고, 한겨울 북극해는 1,300만 제곱킬로미터에 해당하는 얼음으로 덮여 있습니다. 여름에 50퍼센트 정도의 얼음이 녹는 것은 자연스러운 현상입니다. 게다가 물에 떠 있는 얼음이 녹아도 해수면에는 큰 변화가 생기지 않습니다. 컵 속의 얼음이 녹아도 물 높이에는 변화가 없다는 사실을 떠올려 보세요. 그런데 남극은 지구상에서 다섯 번째로 큰 하나의 대륙으로, 차가운 남극순환해류■가 따뜻한 대륙과 남극을 분리하고 있어서 남극의 겨울은 영하 70도로 유지됩니다. 지구온난화로 지구 기온이 5도쯤 높아진다 해도 남극의 얼음은 거의 녹지 않습니다.

■ 남극순환해류
서쪽에서 동쪽으로 남극대륙 주변을 흐르는 차가운 해류. 따뜻한 바닷물이 접근하지 못하게 하여 남극대륙이 거대한 얼음을 유지할 수 있도록 한다.

그런데도 개발을 반대하는 사람들은 북극이 녹으면 해수면이 높아진다는 공포를 심어주고 있습니다. 어떤 사실을 왜곡하거나 과장하는 것은 환경운동의 미래를 위해서도 좋지 않습니다. 또한 우리는 환경이라는 이름 아래 이런 과장된 공포감으로 사람들을 위협하면서 개발의 발목을 잡는 것이 과연 옳은 일인지 다시 한 번 생각해 봐야 합니다. 극지방은 지구에 대한 연구를 하고 지구의 부족한 자원을 개발하기 위해서 인류가 눈을 돌려야 할 땅입니다. 환경에 대한 우려로 인해 개발이 더 늦어지는 안타까운 일이 생겨서는 안 될 것입니다.

아니야,
지구의 냉장고를
훼손해서는 안 돼

만약 지구의 얼음이 모두 사라진다면?

"부우웅, 부우웅!"

자랑스러운 태극기를 단 우리나라의 쇄빙선 '아라온'입니다.

"뿌지직, 뿌직!"

얼음들이 쉴 새 없이 갈라지는 소리가 들리나요? 북극의 바다얼음은 1978년 이래로 10년마다 평균 2.7 퍼센트씩(최소 2.1퍼센트~최대 3.3퍼센트) 줄어들고 있습니다. 여름에는 더 심해서 감소율이 10년마다 7.4퍼센트(최소 5.0퍼센트~최대 9.8퍼센트) 정도입니다. 이 정도면 심각한 수준이어서 이번 세기 후반쯤에는 북극에서 바다얼음을 볼 수 없을지도 모릅니다. 안 그래도 지구온난화로 인해 북극의 해빙 시기가 길어지고 얼음이 어는 결빙 시기는 짧아지고 있는데, 이를 기회로 전 세계는 극지방을 개발하려고 더 성능 좋은 쇄빙선을 보유하는 데 혈안이 되어 있습니다. 우리나라도 그에 뒤지지 않기 위해 극지방 연구와 개발을 위한 쇄빙선 아라온이 활동 중에 있고요. 얼음은 인간에 의해 녹고 있고 또 깨지고 있습니다. 지구의 산소통인 열대우림이 사라지고 있고, 이제 극지방마저 위협받고 있는데도 어떻게 하면 지구의 냉장고 역할을 하는 극지방을 되살릴까 고민하기는커녕 오히려 돈이 되는 일이라며 그저 녹고 있는 얼음을 보고 박수를 치고 있으니 한심한 일입니다. 우리 집 냉동실의 얼음은 다시 얼리면 되지만 지구의 얼음은 다시 얼릴 수 없습니다.

북극 스발바드 군도의 만년설. 녹아내리고 있는 모습이 울고 있는 사람의 얼굴을 연상시킨다.

여러분은 얼음이 사라진 지구를 상상해 본 적이 있나요? 만약 지구에서 얼음이 사라지면 어떻게 될까요? 물을 끓이면 물의 온도는 점점 올라갑니다. 이렇게 98도, 99도로 끓고 있던 물은 단 1도가 올라가 100도가 되면 액체에서 기체 상태로 변해 버립니다. 이렇게 단 1도에 해당하는 매우 작은 변수가 이전과는 다른 커다란 변화를 일으키는 시점을 '티핑 포인트'라고 하지요. 기후 학자들은 이 티핑 포인트가 곧 다가온다고 경고합니다. 심지어 최근 그린란드의 빙하 유실이 너무 커 '무언가 하기에는 이미 늦었을 수도 있다'는 연구결과까지 나왔지요. 돌이킬 수 없는 큰 변화가 시작되는 티핑 포인트에 도달하면, 지구는 어떻게 될까요?

첫째, 얼음이 녹기 시작하면 햇빛을 반사시키는 반사율■이 떨어져 얼음이 더 빨리 녹게 될 것입니다. 눈 위에서 스키를 탈 때 고글을 끼는 것은 반사되는 햇빛을 피하기 위해서입니다. 눈은 햇빛을 반사시키는 기능이 있기 때문입니다. 거의 전 지역이 흰 눈과 얼음으로 덮여 있는 극지방의 온도가 늘 영하로 유지되는 것은 태양의 고도가 낮아서이기도 하지만 그나마 도달한 태양 광선의 90퍼센트가 흰 눈에 의해 곧바로 다시 반사되어 버리기 때문이기도 합니다. 즉, 도달하는 태양 광선 에너지의 대부분이 반사되어 매우 적은 양의 태양에너지만 지구에 전달되는 것이지요. 지구가 점점 더워지는 것은 지구에 도달하는 태양에너지를 온실 기체■들이 가둬 두고 있어서인데, 남극대륙의 반사율이 낮아지면 지구는 더 더워질 것입니다. 또 얼음이 녹으면 바다가 되는데, 바다는 태양에너지를 흡수합니다. 90퍼센트 반사하던 에너지를 모두 흡수해 버리면 열평형■이 깨져서 지구의 온난화는 더욱 가속화될 것입니다.

둘째, 남극의 서쪽은 동쪽에 비해 해수면보다 지대가 낮아서 얼음이 떨어져 나가기 쉽습니다. 남극의 서쪽에 있던, 크기가 제주도의 2배나 되는 거대한 얼음덩어리인 라센 B 빙붕도 떨어져 나갔습니다. 한번 떨어져 나가기 시작하면 급속하게 얼음판이 떨어져 나갈 수 있고, 그렇게 남극의 서쪽 얼음판이 바다로 들어가면 해수면이 상승할 수 있습니다.

셋째, 영구 동토층이 녹게 되면 그 안에 매장된 어마어마한 양의 이산화탄소와 메탄가스가 대기 중으로 방출될 것입니다. 캐나다나 시베리아의 영구 동토층 안에는 많은 양의 식물들도 같이 얼어 있습

■ 햇빛의 반사율
물체가 빛을 받았을 때 반사하는 정도를 나타내며 일반적으로 0~100퍼센트로 표시. 내린 지 얼마 되지 않은 눈은 90퍼센트 이상의 값을 가진다. 눈으로 덮여 있던 지역이 온도가 증가하여 눈이 녹게 되면 표면의 반사율은 감소하게 되고, 더 많은 햇빛이 흡수되게 되며, 온도는 더 올라가게 된다.

■ 온실 기체
온실가스. 대기권에 존재하는 기체 중에서 지구의 복사열인 적외선을 흡수하여, 지구로 다시 방출하는 특성을 갖는 기체를 일컫는 말. 이산화탄소, 메탄, 아산화질소 등.

■ 열평형
서로 접촉해 있는 뜨거운 물체와 차가운 물체 사이의 열은 이동한다. 시간이 충분히 지나 두 물체의 온도가 같아져, 더 이상 뜨거워지지도 차가워지지도 않는 상태를 열평형이라고 한다.

니다. 온도가 올라가서 땅이 녹으면 이 식물들이 썩으면서 엄청난 양의 이산화탄소와 메탄가스를 배출할 텐데, 이 기체들이 바로 온실가스의 주성분입니다. 영구 동토층의 1미터에 해당하는 부분만 해도 현재 지구가 뿜어내는 이산화탄소 양의 4분의 1인 1,000억 톤이 매장되어 있다고 하니, 이 가스가 녹아 나오게 되면 온실 효과■는 급격히 가속화될 것입니다.

■ **온실 효과**
온실가스와 수증기, 오존 등이 온실의 유리나 비닐하우스 같은 작용을 하여 지구 표면의 온도를 높여 지구가 더워지는 현상.

넷째, 전 세계의 기후를 유지시키는 데에는 지구 면적의 70퍼센트 정도를 차지하는 바다의 역할이 매우 큽니다. 물은 온도를 올리고 내리는 데 땅보다 더 많은 에너지를 필요로 하기 때문에 온도의 변화가 급격하지 않고, 여름에는 열을 흡수하고 겨울에는 열을 방출하는 역할도 합니다. 바다가 바닷물의 온도와 밀도 차이에 의한 전 지구적인 해수 순환을 통해서 지구 전체의 온도를 조율하고 있는 것이지요. 그런데 빙하가 녹게 되면 갑자기 극지방에 소금기 없는 민물이 많이 유입됩니다. 그러면 바닷물의 온도와 밀도가 낮아지면서 해수 순환의 스위치가 꺼지게 되고, 결국 폭염, 폭우, 가뭄, 한파 등 전 지구적인 기후변화를 가져오게 될 것입니다.

박물관에서나 만나게 될 수도 있는 북극곰

북극에는 여름과 겨울이 있습니다. 7월 중순에서 11월 중순까지가 여름이고 그 나머지 기간이 겨울인데 요즘은 지구온난화로 인해 7월 초순에 얼음이 녹고, 11월 중순이 되어도 얼음이 얼지 않습니다. 북극곰의 주식은 물범과 같은 해양 포유류입니다. 겨울에 바다가 두껍게 얼면 얼음 위를 신나게 돌아다니며 물범을 사냥하지만 여름이 가까워오면 얼음과 얼음 사이를 헤엄쳐 다니며 사냥해야 합니

다. 이때는 겨우 5일에 한 마리 정도만 사냥할 수 있습니다. 투자한 시간에 비해 사용하는 에너지가 더 많아져서 북극곰은 에너지를 축적하기 위해 겨울잠을 자는 것과 비슷한 시기■를 보냅니다. 6월에서 10월 사이 바다에 얼음이 녹아 있을 때면, 하루의 대부분을 잠을 자거나 천천히 어슬렁거리며 시간을 보내는 것이지요. 이 시기는 배가 고파 차라리 잠을 청해야 하는 북극곰에게는 큰 고난의 시간입니다.

그런데 얼음이 녹는 기간이 길어지면서 이 고난의 시간이 점점 더 길어지고 있습니다. 얼음이 녹으면 두께가 얇아지고 균열이 생기면서 얼음과 얼음 사이의 거리가 멀어집니다. 한 번에 100킬로미터씩 수영할 수 있는 뛰어난 수영 선수인 북극곰이라도 계속 물속에서 살

■ **북극곰의 여름나기**
컴퓨터의 배터리가 얼마 없을 때 '최대 절전 모드'가 작동하는 것처럼 북극곰은 잠을 자는 것은 아니지만 에너지를 최대한 아끼기 위해서 활동량을 최소화시켜 먹을 것이 부족한 시기를 견딘다. 이 시기는 적게 먹고 적게 소비하기 위해 거의 움직이지 않는다.

"지구에는 온난화에 민감한 장소가 두 곳 있다. 마치 탄광의 카나리아처럼 위기의 예언자 역할을 하는 곳들이다. 하나는 북극이고 다른 하나는 남극이다. 꽁꽁 얼어붙은 두 지역이야말로 지구의 어디보다도 기후변화의 영향을 극적으로 겪고 있다."
– 엘 고어, 『불편한 진실』에서

수는 없습니다. 거기다 헤엄치는 일은 엄청난 에너지를 필요로 합니다. 헤엄을 치다 지치면 먹이를 만나도 제대로 잡지 못하고, 굶주림으로 인해 더욱 지쳐 또 먹이를 놓치는 악순환이 계속됩니다. 실제로 얼음이 녹는 시기가 길어지면서 북극곰의 몸무게와 키가 줄어들어 전체적으로 왜소해지고 피부 지방층도 얇아지고 있습니다. 임신 중이거나 임신을 준비하는 암컷도 줄어들고 있고, 심지어 먹이가 부족해진 곰이 자기 종족을 먹어 치우는 끔찍한 사태도 발생되고 있다고 합니다. 곰이 자기 새끼나 종족을 먹는 일은 전에는 없었던 일입니다. 과학자들은 지구온난화가 이 속도대로 가속화된다면 2050년에는 북극곰이 멸종할 거라고 내다보고 있습니다. 박제된 북극곰. 우리는 지구상에서 사라진 공룡처럼 후손들에게 박물관에서나 북극곰의 이야기를 들려주게 될지도 모릅니다.

균열되는 얼음 위에서 휘청거리는 남극 생태계

크릴은 몸 길이 4~6센티미터의 새우와 비슷한 작은 갑각류입니다. 남극 생태계에서 크릴보다 큰 생물체 대부분은 크릴을 먹습니다. 펭귄도 크릴을 먹고, 바닷물고기도 크릴을 먹고, 오징어도 물개도 모두 크릴을 먹습니다. 남극에 상주하는 고래는 없지만 혹등고래와 남방긴수염고래, 흰긴수염고래, 긴수염고래, 멸치고래, 밍크고래가 남극에 찾아옵니다. 흰긴수염고래는 수염의 판을 이용해 매일 3톤에서 5톤에 달하는 크릴을 먹어 치우며, 따뜻하기는 하지만 양분이 부족한 열대의 바다에서 새끼를 낳는 남극 고래들은 남극해의 크릴을 먹기 위해 남극까지 이동했다가 겨울이 되면 다시 왔던 길을 되돌아갑니다. 반대로 크릴은 자신보다 작은 생물체 대부분을 먹습니다.

크릴은 규조류■인 식물플랑크톤도 먹지만 바다얼음 근처의 빙조류■도 먹고 삽니다. 빙조류는 바다얼음 아랫면의 얼음 결정에 붙거나 바다얼음 안의 작은 틈 사이에 끼어 삽니다. 이걸 먹기 위해 모여든 크릴이 바다얼음 사이에서 1제곱미터당 3,000마리 정도 발견됩니다. 크릴보다 큰 생물체 중에 크릴을 먹지 않는 것이 없고, 크릴보다 작은 생물체 중에는 크릴이 먹지 않는 것이 없으니 크릴은 남극 생태계에서 가장 중요한 역할을 하고 있습니다.

미국항공우주국(NASA)과 한국 과학자를 포함한 44개 연구기관이 참여한 조사에서, 1992년부터 2017년까지 25년 간 남극 빙하가 3조 톤이나 녹아 사라진 것을 확인했습니다. 빙하가 사라지면 빙하 틈에 살고 있는 빙조류 역시 줄어듭니다. 먹이연쇄에 따라 빙조류를

■ **규조류**
황갈색의 식물플랑크톤이나 갯벌 위의 미세 조류와 같은 바닷속 단세포 생물.

■ **빙조류**
바다얼음인 해빙에 달라붙어 자라는 식물플랑크톤. 크릴의 먹이.

먹고사는 크릴도 줄고, 크릴을 먹고사는 생물체도 줄어들게 됩니다. 크릴로 만든 오메가3 오일이 인기를 끌면서 상황은 더욱 심각해지고 있고요. 과학자들은 이대로 가면 곧 남극 크릴 서식지의 절반을 잃게 되며, 크릴을 먹이로 삼는 펭귄도 멸종할 수 있다고 경고합니다. 남극 생태계는 생태 고리의 중심 역할을 했던 크릴이 사라지면서 휘청거리고 있습니다.

크릴과 북극곰이 사라지고 있는 현실은 우리에게 어떤 의미를 전하고 있을까요? 북극곰은 극지방을 대표하는 생물입니다. 이 현실은 단지 북극곰만의 이야기로 끝나지 않을 것입니다. 추운 날씨에 적응된 극지방의 생물들은 기후변화로 인해서 멸종 위기에 있습니다. 극지방 생물들의 위험은 비단 극지방 생물들에게만 해당되는 것일까요? 지구상의 모든 생물들은 서로 얽혀 있는 거대한 그물망으로 연결되어 살아갑니다. 인간 역시 지구상의 생물입니다. 어떤 생명체가 사라지고 있다면 분명 우리에게도 큰 변화가 올 것입니다.

끈적이는 검은 액체에 매장되어가는 하얀 나라

북극에 매장된 석유는 전 지구 석유 매장량의 25퍼센트를 차지한다고 합니다. 엄청난 양의 석유를 발견한 석유 자본은 검은 탐욕에 게걸스런 군침을 흘렸습니다. 문제는 어떻게 얼음 바다에서 석유를 찾아낼 것인지, 그리고 꽁꽁 언 땅에서 석유를 어떻게 옮길 것인지였습니다. 그리고 초음파■와 송유관■이라는 해답을 찾아냈습니다.

이들은 석유를 찾기 위해서 초음파를 이용합니다. 바다 위에서 초음파를 쏘아 내려 해저 지형을 판독하는 것이지요. 그 초음파 때문에 바다 밑 생태계가 교란되고 있습니다. 특히 음파로 통신하는 고

■ 초음파
사람의 귀가 들을 수 있는 음파의 주파수는 일반적으로 16Hz~20kHz의 범위다. 주파수가 20kHz를 넘는 음파를 초음파라고 한다. 고래와 같은 몇몇 동물들은 초음파를 들을 수 있다. 초음파는 산업용으로 물질을 파괴하지 않고 내부 구조를 알아보는 데 사용된다.

■ 송유관
석유, 천연가스 등 유체를 수송하는 파이프 관.

래에게는 심각한 위험 요인이 되고 있지요. 초음파 스트레스로 인해 세계 곳곳에서 해마다 고래의 집단 자살이 벌어지고 있습니다. 고래는 상대적으로 지능이 높고 자신의 삶에 충실한 낭만적인 동물인데, 바다에 살아야 할 동물이 기이하게도 해안으로 밀려오고 있습니다. 바다로 다시 돌려보내도 해안으로 밀려오는 것은 고래 스스로 죽음을 선택했기 때문이라고 합니다. 고래가 해안가로 밀려오면 쇄빙선이 얼음을 짓눌러 깨는 원리처럼 물속의 부력이 사라지면서 자신의 무게를 이기지 못하고 몸무게에 내장이 눌리거나 호흡곤란으로 질식해서 죽게 됩니다. 생존의 본능을 거스르면서까지 죽음을 선택할 수밖에 없는 동물의 집단 자살이 우리에게 전하는 것은 무엇일까요? 일부 국가와 일부 자본가들이 경제적인 이득을 얻는 데 성공했지만 그로 인해 발생한 생명의 문제, 전 지구적인 생태 문제는 어떻게 해결해야 할까요?

이렇게 찾아낸 석유를 검은 자본은 송유관을 통해 옮깁니다. 얼고 녹기를 반복해 지반이 불안정한 땅속에 파이프를 묻을 수 없었기 때문에 송유관을 그대로 노출시켜 땅 위에 설치했습니다. 땅 위의 송유관은 여러 가지 문제를 일으키고 있습니다. 무방비로 노출되어 있어서 테러의 대상이 될 수도 있는 데다가 북극곰과 카리부 등 북극 생물들이 움직이는 데 장애물이 됩니다. 그 자체로 거대한 생태 장벽■이 되고 있는 것입니다. 또한 혹독한 기후에 쉽게 녹이 슬어서 부식된 송유관에서 석유가 흘러나오는 일도 이미 수십, 수백 차례에 걸쳐 일어났습니다. 날씨는 춥고 가혹한 데다 인력도 없기에 석유가 밖으로 흘러나오면 오염을 제거하는 일이 극도로 어렵습니다.

■ 생태 장벽
생물들이 이동하는 곳에 놓여진 인공 구조물 때문에 생물이 지나다니는 길이 끊어진 현상. 산을 뚫고 만든 터널이나 하천에 만들어진 댐과 같은 것들이 생태 장벽에 해당한다.

끌어온 석유를 바다로 운반하면서 문제는 더 심각해집니다. 대표적인 사례가 1989년 발데즈 앞바다에서 일어났던 유조선 엑손 발데

즈호의 기름 유출 사건입니다. 유조선에서 유출된 174만 9,000킬로리터의 기름은 752킬로미터를 흘러 나갔으며, 프린스 윌리엄스 해협 1,120킬로미터의 해안가를 휩쓸었습니다. 새들은 바닷물 위나 해변에 내려앉았다가 기름 범벅이 된 채 허우적거렸고, 그렇게 바닷새가 30만 마리에서 최대 67만 5,000마리까지 죽어갔습니다. 250마리의 대머리 독수리, 300마리의 바다표범, 5,000마리가 넘는 해달도 죽어 모두 멸종 위기의 동물이 되었습니다.

"허드슨 만의 얼음이 사시사철 걷히고 처질이 화물선으로 붐비면 북극곰을 친구 삼아 돈을 벌던 주민들은 항구 노동자로 직업을 바꿀 것이고, 사람은 늘어나고, 거리는 북적일 것이다. 아쉽게도 북극곰은 돌아오지 못할 것이다. 북극곰이 사라지면 인간은 영원한 번영을 누릴 수 있을까."
- 남종영, 『북극곰은 걷고 싶다』에서

모두의 미래를 위한 선택이 필요하다

엑손 석유 회사는 엄청난 돈을 들여 기름을 걷어 냈습니다. 10년이 지나자 연어들도 돌아오며 바다는 다시 은빛을 되찾은 듯 보였습니다. 그러나 사고 때 유출된 기름과 2차 오염 물질이 약 30년이 지난 지금까지도 침전물에 남아 강한 바람이 불 때마다 해수면으로 올라와 마블링 같은 띠를 이루곤 합니다. 발데즈 항에 있는 어부들은 정유 회사 노동자와 관광업으로 직종을 바꾸어 생계를 유지하고 있지만 이웃 동네 코르도바는 기름 유출로 바다와 생업을 한꺼번에 잃었습니다. 생업을 잃어버린 코르도바 주민들은 해마다 통조림 공장에서 버려지는 4억 5,000만 킬로그램의 생선 찌꺼기를 모아서 바이오디젤■을 만들었습니다. 바다에 버려지던 쓰레기를 에너지원으로 재활용한 것이지요. 이들의 노력은 대안적인 에너지 생산과 소비의 바람직한 역할 모델이 되고 있습니다.

레고의 주유소 블럭에 그려진 조개 모양을 본 적이 있을 거예요. 세계적인 석유기업 쉘의 로고입니다. 쉘은 북극에서 석유 시추를 시도하다가, 2012년 겨울 태풍에 휘말려 시추 장비가 알래스카 바

■ **바이오디젤**
화석연료와는 달리 식물 살아 있는 등 유기체뿐 아니라 동물의 배설물, 생선 찌꺼기에서 뽑아내는 신재생 에너지. 바이오 연료를 얻기 위해 미국에서는 콩과 옥수수를 재배하거나 유럽에서는 아마씨나 평지씨 등을 재배하며, 가정이나 산업체의 유기물 쓰레기를 바이오 연료로 전환하기도 한다.

다를 표류하는 등 잇따른 사고를 일으켰지요. 그러자 전 세계에서 100만 명이 넘는 사람들이 '레고는 쉘과 협력하지 말라'는 내용의 온라인 서명에 동참했습니다. 어린이에게 꿈을 심어줘야 할 장난감 회사가 어린이의 미래를 짓밟는 환경 파괴 회사와 함께한다는 데 분노했기 때문입니다. 결국 레고는 50년간 파트너사였던 쉘과 결별했고, 쉘은 2015년 북극 석유 시추를 중단했습니다. 사람들의 관심과 행동으로 북극을 지킨 것입니다.

지구 전체가 무분별한 개발과 파괴로 몸살을 앓는 오늘날, 우리 모두의 미래를 위해 특정 국가의 이익과 경제적 논리에 따른 개발보다 모두가 공존할 수 있는 세상을 만들어 나가는 일이 훨씬 더 중요합니다. 작고 가난한 나라의 힘없는 사람과 말 못하는 바다 동물들을 배려하는 책임 있는 행동이 정말 불가능한 것일까요? 신음하는 극지방의 바다 밑 야생 생명체들을 이제는 수족관에서만 봐야 할까요? 강대국들의 탐욕스러운 이권 쟁탈로 생명체가 신음하고 죽어가는 곳이 되어버린 극지방, 과연 개발이라는 이름으로 약자의 생명과 삶을 빼앗아도 되는 것일까요? 더 늦기 전에 전 세계가 함께 극지방을 보호하기 위해 의미 있는 행동을 시작해야 할 때입니다.

입장 정하기

● 두 글에서 주장의 근거로 제시한 내용을 각각 요약해 봅시다.

● 다음 쟁점에 대하여 자신의 입장을 정하고 근거를 제시해 봅시다.

쟁점1 극지방을 보존해서 얻을 수 있는 이익보다 극지방을 개발해서 얻을 수 있는 이익이 더 크다.

	그렇다	아니다
근거		

쟁점2 지구온난화의 원인과 해결책을 찾기 위해서 극지방을 개발해야 한다.

	그렇다	아니다
근거		

쟁점3 과학기술로 극지방 생태계를 충분히 지키며 개발할 수 있다.

	그렇다	아니다
근거		

● 북극곰, 크릴, 고래 등을 보호하고 제2의 엑손 발데즈호 사건을 막기 위한 국제 협약을 맺는다고 가정하고, 각 국가가 구체적으로 지켜야 할 협약 내용을 만들어 봅시다.

녹아내리는 얼음, 얼어붙은 미래

기후변화와 극지방

영화 〈투모로우〉는 극지방의 빙하가 바다로 녹아들어 가면서 엄청난 기상이변이 시작되는 모습을 보여 줍니다. 인도에 눈이 내리는가 하면 동경에는 골프공만 한 크기의 우박이 떨어지고, LA와 뉴욕에 거대한 토네이도와 해일이 밀어닥쳐 도시가 초토화되지요. 상상을 불허하는 엄청난 기상이변이 닥친 후 얼어붙어 버리는 지구, 과연 영화 속의 이야기일 뿐일까요?

잠기는 지구

극지방의 얼음이 녹아내리면 가장 먼저 걱정되는 것은 육지가 물에 잠겨 버리는 것이다. 하지만 컵 속의 얼음이 녹아도 물 높이의 변화가 없는 것처럼 물에 떠 있는 얼음이 녹아도 해수면에는 큰 변화가 생기지 않는다. 실제로 북극의 빙하는 바다 위에 뜬 얼음이라서 녹아도 해수면의 변화가 크지 않다. 현재의 해수면 상승은 바닷물의 온도 상승에 따라 바닷물이 팽창하기 때문에 일어나고 있다. 하지만 그린란드나 남극대륙의 빙하가 녹는다면 이야기가 달라진다. 만약 그린란드가 모두 녹아내리면 해수면은 7미터, 남극대륙이 모두 녹아내리면 해수면은 65미터 상승한다. 2019년 세계적인 과학 잡지 〈네이처〉에 발표된 논문에서는 지금처럼 그린란드와 남극대륙이 녹아내리면 21세기 말에는 지구의 해수면이 15~39센티미터 정도 상승할 거라고 예측했다.

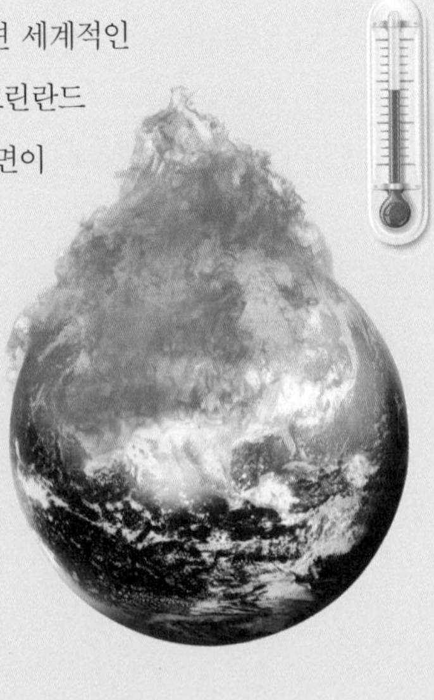

영화가 현실이 되는 순간

그러나 시간이 갈수록 지구와 바닷물의 온도가 예측보다 빨리 올라가고 있기 때문에, 극지방의 얼음 역시 생각보다 훨씬 더 빠른 속도로 녹을 수 있다. 영화

〈투모로우〉에서는 남극의 거대한 빙붕이 녹아 떨어지면서 지구에 빙하기가 닥친다. 현실에서도 이와 같은 일이 일어날까? 실제로 2018년 우리나라에는 영하 30도, 미국에는 영하 50도의 한파가 덮치는 등 전 세계가 꽁꽁 얼어붙었다. 지구온난화로 극지방의 온도가 낮아지자 찬공기를 가둬놓는 바람인 제트기류가 약해져, 마치 둑이 터지듯 북극의 찬 공기가 아래로 쏟아져 내려왔기 때문이다. 만약 극지방의 얼음이 더 많이 녹는다면 이보다 더 엄청난 기상이변이 몰아칠 것이다. 지구 전체에서 일어나는 바닷물의 순환이 멈추기 때문이다.

해양 열염 순환의 출발점인 극지방

멕시코 만의 따뜻하고 염분이 높은 표층 해수는 북대서양을 북동쪽으로 가로질러 북유럽 바다에 도달한다. 멕시코 만 해수는 염도가 높은데, 뜨거운 카리브 해에서 엄청난 양의 증발이 일어나 염류가 농축되기 때문이다. 이 바닷물이 상대적으로 담수가 많은 아이슬란드 북쪽 해역에 이르면, 심해로 가라앉기에 충분할 만큼 차가워지고 밀도가 높아진다. 그리고 이렇게 밀도가 높은 바닷물 덩어리가 가라앉으면 이를 메우기 위해 다시 따뜻하고 짠 열대 바닷물이 대서양 북동쪽으로 흐른다. 이 순환 덕분에 유럽은 따뜻한 온도를 유지할 수 있다. 이처럼 열과 염분에 의한 전 지구적인 해양 순환, 즉 '열염 순환'을 통해 지구의 온도가 조절되는 것이다. 그러나 극지방의 얼음이 바닷물에 녹아들어 간다면? 열염 순환의 출발지인 북대서양 해수의 염분이 점점 줄어들고 밀도가 낮아져 열염 순환은 약해질 것이고, 결과적으로 열대지방에서 해수를 따라 북대서양으로 전달되었던 열의 양은 감소할 것이다. 그렇게 되면 유럽의 기온 역시 내려갈 것이다. 기후변화 예측 모델마다 정도의 차이는 있지만, 극지방 얼음이 현재 속도로 녹는다면 2100년까지 열염 순환이 약 20퍼센트나 약해지고 200년 후에는 그마저 완전히 멈출 것으로 예측하고 있다. 이 경우 지구온난화로 인해 북대서양과 북서 유럽은 오히려 혹독한 추위를 겪게 될 것이다. 극지방은 기후변화에 가장 민감하고 크게 반응하는 지역으로, 지구 전체 시스템의 붕괴를 일으키는 시작점이 될 수 있다. 그러므로 전 지구적인 관점에서 극지방을 보호하고 모두가 공존하기 위한 대처가 필요하다.

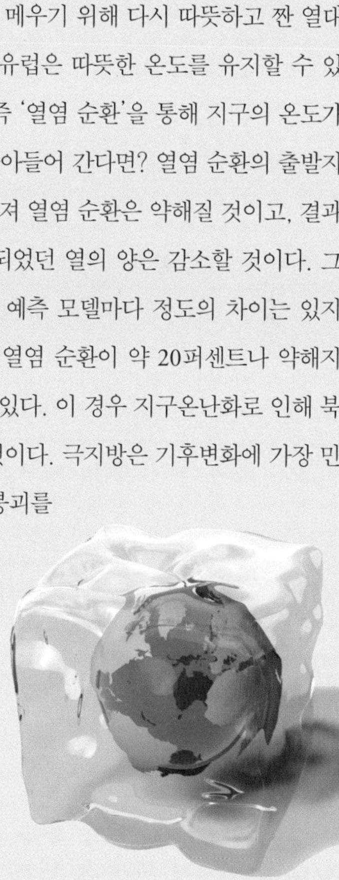

2 원자력 에너지

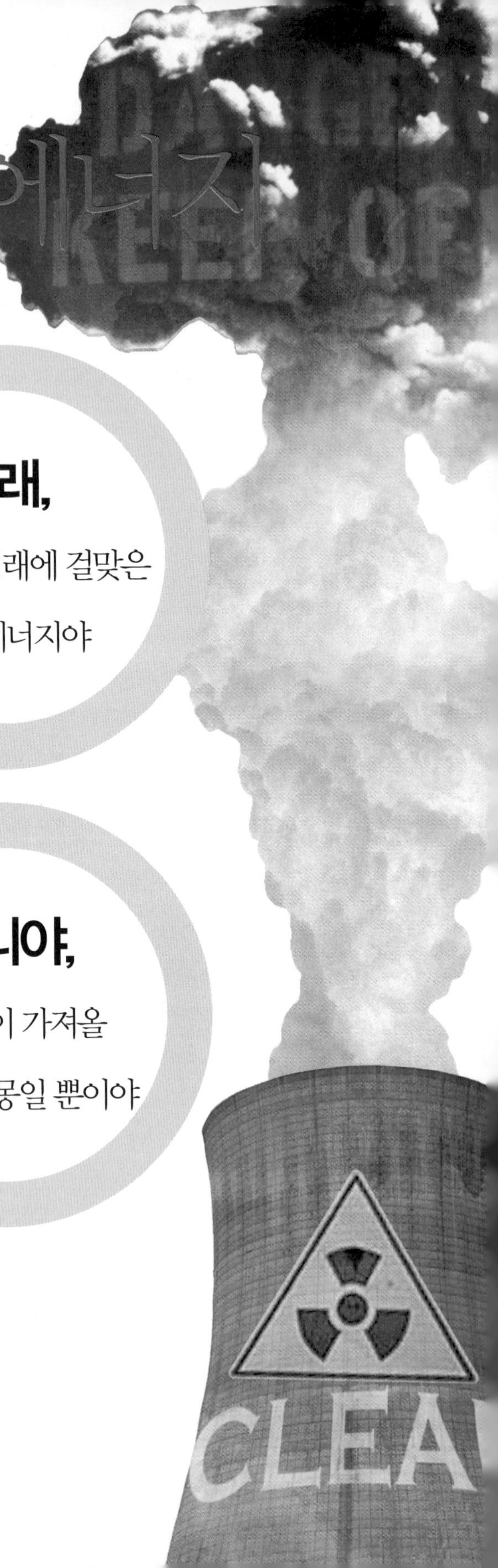

그래,

원자력은 미래에 걸맞은

꿈의 에너지야

아니야,

원자력이 가져올

미래는 악몽일 뿐이야

원자력이 인류에게 처음 그 모습을 선보였을 때, 그것은 세상에서 더 이상 최악일 수 없는 재앙의 얼굴을 하고 있었습니다. 히로시마와 나가사키에 떨어진 원자폭탄인 쪼그만 놈(Little Boy)과 뚱뚱한 놈(Fat Boy)이 바로 그것이었지요. 그러나 전쟁 종결 후 몇 세대가 지난 지금, 원자력은 암 치료, 식품 살균, 연도 측정, 비파괴 검사 등 우리 가까이에서 이용되고 있고, 원자력발전이라는 이름으로 생활에 없어서는 안 될 에너지를 만들어 주고 있습니다. 더구나 원자력은 온실가스를 거의 방출하지 않는 청정 에너지이고, 원자력발전소 건설 기술을 수출하면 대한민국 경제성장에 큰 보탬이 된다고 하니, 미운 오리 새끼였던 원자력이 다시 꽃다발을 받고 화려하게 부활하는 것일까요? 그러나 이런 생각을 여지없이 잘라 버리는 사건이 2011년 3월 일본 후쿠시마에서 일어났습니다. 규모 9.0의 지진 앞에 원자력발전소는 들끓기 시작했고 전 지구의 대기를 향해 가공할 만한 방사능을 뿜어내기 시작했지요. 원자력이 우리에게 무엇을 가져다주든지 간에 그것이 엄청난 파괴력을 가진 기술이라는 사실을 확실하게 선언하는 사건이었습니다. 이제는 미루어 왔던 판단을 해야 할 시점입니다. 원자력발전이 우리의 미래에도 지속되어야 할 전력 생산 방식인지, 아니면 가능한 한 빨리 관계를 청산해야 할 위험 기술인지 말이지요. 왜냐하면 지구는 하나밖에 없으니까요.

생각 열기

● **일어났던 이야기**

"이상 신고리5, 6호기 공론화위원회의 발표를 마치겠습니다."

2017년 10월 20일 시민 참여단 471명의 신고리5, 6호기 건설재개 및 원자력발전 정책과 관련한 공론화 시민참여형 회의의 결과가 발표되었다. 이해관계자, 전문가, 일반인들의 다양한 의견을 민주적으로 수렴하기 위해 깊이 토의하여 공론을 만드는 장장 3개월간에 걸친 의견수렴 과정이었다.

민주주의를 바라는 국민들의 열망으로 새 정부가 출범하면서 '안전한 대한민국'을 위해 새로운 원자력발전소 건설계획을 전면 백지화하고, 기존 원자력발전소의 수명을 연장하는 것을 금지하는 등 탈원전 정책을 펼치기로 했다. 하지만 벌써 공정이 29퍼센트나 이루어진 신고리5, 6호기의 건설 중단은 사회적 합의를 통해 결정하기로 하여 공론화 위원회가 구성되었던 것이다. 시민참여단과 함께 충분히 고민하고 토론하는 과정을 거친 공론화 위원회는 이미 비용이 많이 들어간 신고리5, 6호기의 건설은 재개하지만, 앞으로 원자력발전을 축소하는 방향으로 정책을 추진해야 한다고 결정했다.

"거봐, 원전이 답이라니까. 그러니까 이 사람들도 이렇게 결정한 거잖아."

"뭐가 원전이 답이야. 이 사람들이 결정한 건 그런 내용이 아니지. 원전반대 정책을 찬성하는 쪽으로 결정이 난 거잖아."

"뭐야. 넌 대체 뭘 들은 거야. 원전 건설 중단을 찬성하지 않는다잖아."

"아니지, 중요한 건 저 사람들이 합의한 것은 원전을 반대한다는 거잖아."

원자력발전소의 건설 중단 여부를 공론화위원회에 맡기자 온 나라가 떠들썩했죠. 그런데 위원회의 결론도 중요했지만, 결론을 이끌어 내는 과정에서 사람들은 놀라운 현상을 경험했습니다. 정확한 정보를 접하고 공정한 토론 기회를 주자 공론화 이전에 36퍼센트나 되던 '모르겠다'는 의견이 3.3퍼센트로 감소했던 거죠. 자기 입장을 갖게 된 사람들은 상대방 입장도 고려했고, 현실을 인정하면서도 미래를 포기하지 않는 결론을 내렸습니다. 이 경험을 기억하며 이어지는 이야기를 만나 봅시다.

"우리 같은 내용을 들은 거 맞아? 정말 답답하다. 너 사오정이냐? 그러니까 국어점수가 그 모양이지."
"이게, 너, 지가 불리하니까……"

● 일어나고 있는 이야기

누구나 뉴스를 방송하는 시대, 누구나 SNS를 하는 시대, '아니 뗀 굴뚝에서 연기 나랴'라는 말은 구식 난방 시스템일 때나 먹히는 이야기다. 지금은 불을 떼서 연기가 났는지 안 났는지 사실 크게 중요하지 않다. 내가 좋아하면 그것이 사실이라는 믿음이 온라인을 타고 번져나가는 시대이다.
백번을 팩트 체크를 하고 아니라고 해도 그건 이미 중요한 것이 아니다. 그만큼 원자력이라는 에너지는 여러 의미를 담고 있는 중의적인 단어가 되어 버렸다. 공론화위원회가 활동을 접고도 한참의 시간이 지났다.
집에 도착하니 아이는 게임을 하는 중이다. 미세먼지 저감 조치 발효로 차를 가지고 출근하지 못한 엄마는 붐비는 대중교통에서 얼마나 시달렸는지 옷매무새조차 엉망이다.
"아직도 게임하고 있는 중이니? 이제 그만해."
"이것만 하고. 엄마가 하라고 한 거 잖아."
"미세먼지 나쁨이라 축구를 못하니까 그 만큼만 하라는 거였잖아. 당장 그만해."
"할머니, 나 조금만 더 할게요."

아이는 옆에 있는 할머니에게 떼를 써본다.

“아이고, 원전을 없애는 바람에 우리 귀염둥이만 고생이네. 다 이게 원전을 그만둬서 미세먼지가 늘어났기 때문이야. 쯧쯧.”

“어머니, 그런 말이 어디 있어요? 원전을 그만둔다고 왜 미세먼지가 늘어요.”

“아니다. 애야, 친구가 문자로 뉴스를 보내 줬는데, 거기에서 그러더라. 원전을 그만둬서 부족한 전기를 매꾸느라 석탄발전소를 더 많이 돌렸고, 그래서 미세먼지가 늘어났다고.”

“어머니, 그거 사실이 아니라고 어제 뉴스에서도 그랬잖아요. 어머니, 제발 그런 가짜뉴스는 아이 앞에서 이야기하지 마세요. 네?”

● **일어날 이야기**

가을의 하늘은 높고 파랗다. 순백의 도시가 되었다. 편서풍의 영향 아래서 항상 이웃 중국의 대기질에 영향을 받지 않을 수 없었으나, 이제는 중국쪽에서 바람이 많이 불어 올 때조차도 하늘은 여전히 파랗다. 중국의 전기 생산량의 많은 부분을 원자력발전으로 대체하고 난 후부터 생긴 변화라고 추측하고 있다. 이제는 세계에서 가장 많은 원자력발전소를 가지고 있는 국가는 미국이나 프랑스가 아닌 중국이 되었다. 하늘은 더 이상 잿빛이 아니었고, 엘리뇨가 심해 대기의 움직임이 느려질 때에도 미세먼지는 그리 심하지 않다. 거리를 나설 때는 반드시 마스크를 챙겨야 하고, 일기예보처럼 미세먼지를 예보를 하는 시스템이 있었던 것은 다 옛날이야기가 되어 버렸다. 석탄 화력 발전소에서 발생하는 황산화물이 만들어낸 황산염 미세먼지가 거의 대부분 사라지고 나니 거짓말 같이 하늘은 원래의 모습으로 돌아왔다.
'미세먼지가 사라진 하늘아래 사람들은 행복하다.'라는 말을 할 수가 없다는 사실만 빼놓고는 말이다. 사람들은 새로운 노이로제 때문에 괴롭다. 지각의 흔들림이나 단층대의 미세한 움직임을 측정하여 알려주는 사이트에 종종 들어간다. 그것도 중국 동부해안의 단층대의 움직임에 관심이 집중되어 있다. 세계의 원전대국으로 우뚝 선 중국의 원자력발전소의 대부분은 중국 동부 해안에 밀집해 있다. 우리나라와 가장 가까운 곳에 원자력발전소가 모여 있는 것이다. 이제 사람들이 걱정하는 것은 미세먼지 정도가 아닌 것이다. 마스크 따위로 막는 것은 어림도 없는 것을 걱정하기 시작했다. 얼마 전 방사능 차단 가정용 대피소를 판매한다는 광고가 나오기 시작했다. 가격이 만만치 않지만 아마 돈 있는 사람들은 집집마다 지하실에 하나씩은 있을 거란 소문도 있다. 미국과 소련이 세계의 패권을 장악하기 경쟁적으로 핵무기를 개발하던 아주 옛날에는 미국에서 이 비슷한 것을 판매했다고 하던데.

그래,
원자력은 미래에 걸맞은
꿈의 에너지야

멕시코 만에서 석유 시대의 마지막을 맞이하다

검은, 아니 오히려 붉은색에 가까운 끈적거리는 액체를 뒤집어쓴 가마우지는 한동안 꼼짝도 않고 널브러져 있었다. 단단한 껍데기 속에서 갓 태어난 둥지 안의 어린 새들도 어미 새의 포근한 품 대신 두꺼운 기름을 뒤집어쓴 채 힘겹게 고개를 들고 있었다. 파란 바다를 경쾌하게 넘나들던 돌고래는 먹빛 주검이 되어 검은 해안에 밀려왔다. 거북이는 더 이상 자신의 껍데기에서 고개를 내밀 수 없었고, 해안가의 작은 게와 지렁이, 조개는 모두 다 흙 밖으로 몸을 드러낸 채 숨이 막혀 죽어 있었다. 멕시코 만 앞바다는 검버섯처럼 기름이 번져 있었고, 여기저기 매캐한 냄새와 검은 연기를 뿜어내는 불길만이 모든 생명들이 수장된 바다 위에 남아 있었다. 하지만 아직도 깊은 바닷속에서는 기름 기둥이 분수가 되어 뿜어져 나오고 있었다.

멕시코 만 원유 유출 사고로 기름을 뒤집어쓴 새의 처참한 모습

멕시코 만 원유 유출 사고 현장의 모습입니다. 2010년 영국계 석유 회사인 BP의 심해저 석유 탐사선 '디프 워터 호라이즌'이 폭발하면서 이미 시추해 놓은 원유 시추공■을 막지 못해, 깊은 해저 지층 속 배사 구조■의 돔 속에 빵빵하게 스며들어 있던 원유가 바다에 흘러넘치고 말았습니다. 폭발 사고가 나고 86일 만에 어렵게 새로운 뚜껑을 만들어 원유가 솟아나는 구멍을 막았지만, 그동안 멕시코 만에는 9,350만~1억 8,430만 갤런■의 엄청난 원유가 흘러 나갔습니다. 과학 저널 〈사이언스〉에 게재된 논문에 의하면 해양에 유출된 기름은 해양 포유류와 바다 새의 급성 사망을 불러왔을 뿐 아니라 어패류 등에 스며들어 30년 이상 생태계의 먹이사슬 속에 축적되면서 다른 생명체의 목숨을 위협할 것이라고 합니다. 이런 사건은 비단 멕시코 만에서만 일어나는 것이 아닙니다. 이러한 사고는 인간이 석유를 사용하기 시작하면서부터 충분히 예상 가능했던 일이며, 최

■ 원유 시추공
석유를 뽑아 올리기 위해 땅속이나 바다 밑 지각에 깊이 뚫는 구멍.

■ 배사 구조
지층이 압력을 받아 물결 모양으로 휘는 습곡 작용이 일어날 때 산봉우리처럼 볼록하게 올라가는 부분. 석유나 천연가스 등은 주로 배사 면에서 발견된다.

■ 갤런
미국에서는 부피를 나타내는 단위로 갤런을 사용하는데, 석유 등 액체 물질의 부피를 나타내는 1갤런의 양은 약 3.78리터이다.

근에는 더 빈번해지고 있습니다. 더구나 이미 석유의 상당량이 고갈되었습니다. 손쉽게 꺼내어 쓸 수 있던 유전이나 가스전이 고갈되면서 시추하기 어려운 지역을 찾아 더 깊게 무리한 채굴을 하기 시작했습니다. 그러니 당연히 원유 유출 사고의 확률은 증가하겠지요. 안타까운 것은 화석연료■ 중심의 에너지 공급 체계가 지속되는 한 이러한 재난은 더 많이, 더 심각하게 일어날 것이라는 점입니다. 그러므로 이제는 꼭 화석연료 중심의 에너지 시스템을 바꿔야만 합니다.

■ **화석연료**
석유나 석탄과 같이 과거 지질시대 동식물의 유해가 지층 속에서 오랜 시간 열과 압력을 받아 만들어진 연료를 말한다.

왜 원자력? 가격 대비 가성비가 최고니까

화석연료를 대신하기에 가장 적합한 에너지원은 우라늄에 의한 원자력입니다. 왜 원자력이 석유를 대신하는 에너지원이 되어야 할까요? 우선 가격 면에서 경쟁력이 있기 때문입니다. 원자력발전소에서 생산되는 전력의 생산 단가는 킬로와트시■당 68원입니다. 풍력(102원), 태양광(250원) 등과 비교해 매우 저렴하지요. 가까운 중국이 2030년까지 110여 기의 원전 건설을 계획하고 있는 것도 원자력이 가격 면에서 경쟁력이 있기 때문일 겁니다.

■ **킬로와트시**kWh
일정한 시간동안 공급된 전기에너지를 나타내는 단위. 1킬로와트시는 1킬로와트의 전력을 한 시간 동안 공급하거나 소비한 양.

물론 미국, 유럽 등에서는 그동안 원자력발전 건설을 중단하다시피 한 것도 사실입니다. 1979년 스리마일 원자력발전 사고에 이어 1986년 체르노빌 원자력발전 사고가 전 세계에 원자력발전을 기피 대상으로 인식하게 만들었기 때문입니다. 하지만 스리마일 원전 사고는 원자로에 이상이 생긴 뒤 긴급 노심 냉각 장치가 자동적으로 작동되었는데도 이를 한 운전원이 실수로 꺼 버리면서 일어났습니다. 체르노빌 원전 사고 역시 직원의 부주의로 원자로의 출력이 지나치게 낮아져 재가동이 어렵게 되자 급하게 출력을 올리다가 일어

| 에너지별 생산단가 |

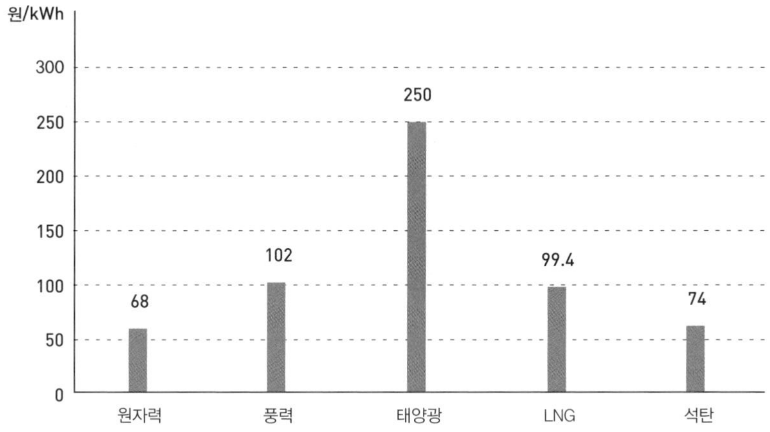

출처 : 한국수력원자력, 2018년

난 사고였습니다. 이 두 번의 사고는 원전 기술이 원래 가지고 있는 결함이라기보다는 운전원들의 미숙으로 인해 발생한 사고로 보아야 합니다. 그리고 오히려 그 사고들 이후 원자력발전 안전에 대한 기술은 눈에 띄게 향상되어 왔습니다.

물론 2011년 후쿠시마 원자력발전 사고가 전 세계에 또 한번 충격을 준 것은 사실입니다. 하지만 사고 직후 '2030년까지 원전 제로'를 선언했던 일본이 2015년 센다이 발전소 재가동을 시작으로 2018년에는 멈추었던 원자력발전소의 80퍼센트를 재가동했습니다. 심지어 2030년까지 원자력발전 비중을 10배로 늘리겠다고 선언했지요. 왜 그랬을까요? 바로 불안한 전기 공급, 급등하는 전기요금 때문이었습니다. 원자력발전소의 빈자리를 무엇으로도 채울 수 없었던 것이지요.

사고의 위험성이 있다고 해서 인류가 석기시대로 돌아갈 수는 없

습니다. 인류 발전의 역사는 에너지 이용 발전의 역사라고도 할 수 있습니다. 또 앞으로 인류가 지구상에 존재하는 한 에너지를 집약적으로 이용한 문명의 발전이 커다란 하나의 축을 이룰 것이고요.

현재 우리나라는 지속적인 경제성장으로 에너지 소비가 연간 10퍼센트씩 증가하고 있습니다. 이러한 우리의 경제성장을 지속시켜 줄 수 있는 에너지는 현재 원자력뿐입니다. 우라늄은 에너지 밀도가 매우 높아 소량의 연료로 막대한 에너지를 만들어낼 수 있기 때문입니다. 골프공 크기의 우라늄 1킬로그램은 석유 9,000드럼, 석탄 3,000톤과 동일한 전력을 생산할 수 있습니다. 바로 이것이 원자력이 가지고 있는 힘이며, 원자력을 '꿈의 에너지'라고 부르는 이유입니다.

물론 화석연료를 대신하여 새로운 에너지 시스템을 열어 나갈 에너지원으로 신재생 에너지■도 주목을 받고 있지요. 하지만 태양광발전의 경우 반도체를 이용한 솔라 패널■, 즉 광전지의 가격은 누구나 이용하기에는 여전히 가격이 높습니다. 풍력발전의 경우도 전기를 생산하는 데 드는 비용이 많이 낮아졌다고는 하지만 아직도 원자력발전을 따라올 수 없습니다. 또한 신재생 에너지는 에너지 밀도■가 매우 낮은 에너지원입니다. 그래서 한 번에 대량의 전력을 생산할 수 없고, 일정한 수준의 전력을 지속적으로 생산할 수도 없습니다. 예를 들어 풍력발전은 바람이 불 때에만 전력을 생산할 수 있고, 태양광발전은 햇빛이 비출 때에만 전력을 생산할 수 있습니다. 그렇

■ 신재생 에너지
화석연료나 원자력에너지가 아닌 새로운 에너지와 재생 가능 에너지를 함께 이르는 말. 태양광, 태양열, 풍력, 조수간만의 차를 이용한 소수력, 수소 연료 전지, 폐기물 에너지 등이 포함된다.

■ 솔라 패널
태양 빛을 전기에너지로 바꾸어 주는 태양 전지가 여러 개 붙어 있는 널빤지.

■ 에너지 밀도
일반적인 밀도와 같이 단위 부피당 에너지양을 나타낸다. 밀도가 높으면 보다 많은 전력을 공급할 수 있다.

기에 24시간 에너지를 소비하는 우리 생활에 큰 지장을 줄 수도 있으며, 전력 소모량이 많은 사무실 건물이나 산업 현장에서 사용하기에도 적합하지 않습니다.

전기가 없는 현대인의 삶은 상상할 수 없다. 지진으로 후쿠시마 원자력발전소 운영이 중단되자 일본 도쿄 지방은 하루 3시간씩 전기 공급을 하지 않는 계획 정전을 실시, 주요 산업 시설이 가동을 중단해 생산과 물류가 마비되고 지하철과 철도 운행이 제한되어 교통 대란이 발생하며, 병원에서는 수술을 하지 못하는 등 전력 부족으로 엄청난 고통을 겪고 있다.

후쿠시마 원전 사고? 그래도 전력은 필요하다!

원자력발전을 반대하는 사람들은 원자력이 위험 요소가 큰 기술인데다 신규 원전의 건설이 주로 경제적으로 넉넉지 않은 신흥 개발 국가에서만 이루어진다는 점을 이야기합니다. 하지만 신흥 개발 국가들이야말로 급격한 경제성장 때문에 전력 수요가 급증할 수밖에 없고, 생산 단가가 비교적 싼 원자력이야말로 이들 나라에 꼭 필요한 전력 형태인 것입니다. 충분히 예방할 수 있는 원자력발전 사고의 위험보다는 경제성장의 필요성이 더 중요한 것 아닐까요?

지진 규모 9.0, 지진해일의 강타, 일본 후쿠시마 원전의 방사능 누출로 이어진 사고는 어느 누구도 막을 수 없는 상황에서 발생한 말 그대로 사고였습니다. 후쿠시마 원전 사고는 원자로의 기술적 문제점이나 원자력 자체의 문제점이 아니라 냉각수 공급 장치의 문제였습니다. 만약 냉각수가 안정적으로 공급될 수 있는 기술적 조건을 마련했다면 이런 사고는 발생하지 않았을 것입니다. 그러니 후쿠시마 원전 하나만을 가지고 원자력발전 자체의 종말을 이야기하는 것은 옳지 않습니다. 현대의 문명은 엄청난 에너지의 소비를 전제로 만들어졌습니다. 체르노빌 이후 원자력발전과 관련하여 발생한 사고는 경미한 수준이었습니다. 후쿠시마 사고는 일본과 같은 지진 다발 지역에 위치한 국가의 특수한 상황이며, 냉각수 공급 장치에 문제점을 가지고 있었던 후쿠시마 원전만의 특수한 사고입니다.

| 발전 연료별 이산화탄소 배출량 |

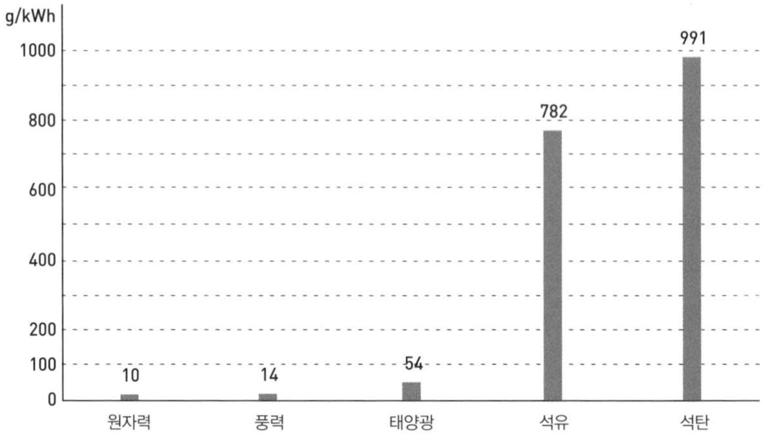

출처 : IAEA, 2015년

현재까지는 발전에 필요한 원가 대비 전력량이 원자력보다 나은 발전 시스템이 없습니다. 사고를 교훈삼아서 부족했던 시스템을 정비·강화하고, 위험에 대비한 기술을 발전시키는 것이야말로 현재 우리에게 가장 필요한 일입니다.

기후변화와 미세먼지를 막는 선구자, 원자력

우리가 원자력을 포기할 수 없는 또 다른 이유는 원자력 에너지가 청정 에너지이기 때문입니다. 정부에서 발표한 온실가스 배출량 감축 목표■는 2030년 예상 배출량 대비 32.5퍼센트입니다. 2018년 환경부의 국가온실가스통계에 따르면, 2017년 기준 우리나라의 총 온실가스 배출량의 87퍼센트는 에너지 부문에서 발생했습니다. 산업공정에서 7퍼센트, 가축 분뇨 등 농업에서 3.0퍼센트, 폐기물에서

■ **온실가스 감축 목표**
지구온난화 문제를 해결하기 위한 교토의정서는 온실가스 감축 목표치를 의무적으로 규정했는데, 우리나라는 의무 감축국은 아니지만 선발 개도국이자 OECD 회원국으로서 자발적 감축을 요구받고 있다.

2.3퍼센트가 생겼고요. 그렇다면 가장 많은 부분을 차지하는 에너지 부문에서 온실가스를 상당량 줄여야 합니다. 에너지 부문은 전력 발전, 산업, 수송 분야로, 이를 줄이라는 말은 결국 경제성장을 하지 말라는 말과 같습니다.

원자력을 이용하게 되면 경제성장을 포기하지 않고도 온실가스 배출량 감축 목표를 달성할 수 있습니다. 한국원자력연구원은 우리가 현재의 석탄발전을 모두 원자력발전으로 대체하면 약 1억 톤의 이산화탄소 배출을 줄일 수 있다고 분석했습니다. 이산화탄소 약 1톤을 줄이려면 소나무 360그루를 심어야 합니다. 그러니 석탄발전을 원자력발전으로 대체하면 소나무 360억 그루를 심는 거나 마찬가지의 효과를 볼 수 있습니다. 원자력 에너지가 얼마나 맑고 깨끗한 에너지인지 잘 알 수 있습니다.

물론 신재생 에너지도 청정 에너지입니다. 탈원전을 선언한 독일도 태양광과 풍력발전 등 신재생 에너지 생산을 늘리고 있지요. 하지만 신재생 에너지는 기후에 영향을 받는 데다 에너지 저장 기술 혁신도 필요한 상황이라 부족한 전기를 화력발전으로 메우거나 다른 나라에서 사올 수밖에 없습니다. 독일은 태양광과 풍력 같은 신재생 에너지 발전에 5,000억 달러를 쏟아부었지만 2019년 온실가스 배출량은 2009년 수준에서 더 낮아지지 않았지요.

온실가스는 기후변화의 주범입니다. 사람들은 점점 더 심해지는 여름의 폭염과 겨울의 혹한에 고통받고 있고, 가뭄과 폭우로 인한 식량난이 전 세계를 위협하고 있습니다. 이런 기후 재앙에 가장 고통받는 것은 수십억 명의 가난한 사람들이지요.

"2018년에 세계의 온실가스 배출은 더 늘어났다. 최악의 기후변화 시나리오를 막는 유일한 길은 청정 에너지 분야에서 돌파구를 찾

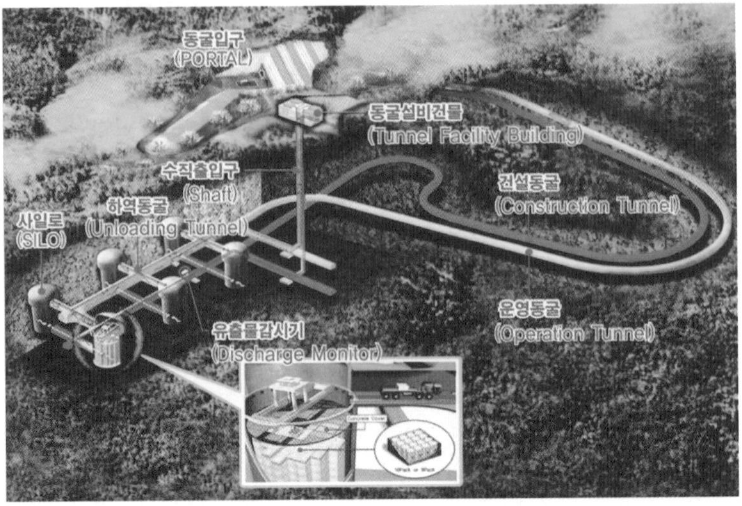

경주시에 건설된 중저준위 방사성 폐기물 처분 시설

는 것이다. 우리는 이미 필요한 모든 수단을 갖고 있다. 태양광과 풍력은 기후의 영향을 받는 단속적인 에너지원이다. 가까운 시일 안에 그것을 저장하는 초저가형 배터리가 나올 것 같지는 않다. 원자력은 기후변화를 해결하기에 이상적이다. 유일하게 탄소를 배출하지 않고, 확장 가능하며, 24시간 얻을 수 있는 에너지원이다. 원자로의 사고 위험은 혁신을 통해 해결할 수 있다."

마이크로소프트 창업자인 빌 게이츠가 한 말입니다. 더구나 원자력발전은 미세먼지를 거의 발생시키지 않는 에너지원입니다. 숨쉬기조차 힘든 최악의 잿빛 공기를 마스크와 공기청정기만으로 헤쳐나갈 수는 없습니다. 청정 에너지인 원자력이야말로 경제성장에 따르는 에너지원을 안정적으로 확보하면서도 미세먼지 문제, 지구온난화 문제를 함께 해결할 수 있는 매력적인 발전 방식인 것입니다.

방사능은 충분히 관리될 수 있다

우리나라 관측 사상 가장 강한 지진이 2016년 경주에서 발생하고, 2017년 포항에서도 큰 지진이 일어나자 사람들은 후쿠시마를 떠올리며 불안해했지요. 하지만 우리나라는 지진 가능성이 일본보다 낮고, 원자로도 일본과는 구조가 다릅니다. 내진 설계도 되어 있고, 원자로를 감싸고 있는 격납 용기도 비행기가 시속 700킬로미터로 부딪히는 충격 실험을 견뎌 냈고요.

하지만 체르노빌이나 후쿠시마와 같은 대형 원전 사고가 우리나라에서 일어날 가능성이 적다고 생각하는 사람들도 원자력발전소를 가동하면 반드시 나올 수밖에 없는 방사성 폐기물에는 우려의 시선을 보냅니다. 원자력발전을 반대하는 사람들은 원자력발전소의 중저준위 폐기물■과 이로 인한 방사능 오염 등을 예로 들며 원자력을 반생태적인 에너지라고 주장하고요. 하지만 이것은 안전을 최우선으로 한 방사성 폐기물 처분장의 구조를 한 번도 눈여겨본 적이 없는 사람들의 이야기입니다. 방사능은 위험하지만 모든 것을 다 뚫고 퍼지지는 않습니다. 햇살이 쨍쨍 비치는 창에 커튼을 치면 햇빛이 가려지고, 보다 더 두꺼운 커튼을 치면 햇볕이 완전히 차단되는 것처럼 방사능도 철근, 콘크리트, 물에 의해 차단될 수 있습니다. 방사선에는 α, β, γ, 중성자선이 있고, 이 방사선들은 종류에 따라 투과할 수 있는 능력이 다릅니다. α선은 종이로도 투과를 막을 수 있고, 가장 강한 중성자선도 콘크리트 벽으로 충분히 차단이 가능합니다.

중저준위 폐기물에서 나오는 방사능이 오랫동안 발생하는 것은 사실입니다. 하지만 방사능은 반감기■가 끝날 때까지 땅속 폐기물 저장고에 잘 가둬 놓으면 더 이상 발생하지 않게 됩니다. 나오더라

■ **중저준위 폐기물**
원자력발전소에서 나오는 방사능에 오염된 폐기물을 방사성 폐기물이라고 하는데, 그중에 장갑, 덧신, 걸레, 작업복, 기기 교체품 등 오염 수준이 낮은 폐기물을 말함. 직접 핵분열에 사용된 핵연료는 고준위 폐기물이라 한다.

■ **반감기**
방사능의 강도가 원래의 반이 되는 시간. 종류에 따라 100만 분의 1초에서부터 수십억 년 까지 다양하다.

도 자연 상태에서 존재하는 방사능 정도로 미미하지요. 중저준위 폐기물에 있는 방사성 원소는 주로 코발트와 세슘인데, 코발트의 반감기는 5년, 세슘은 30년입니다. 안전하게 설계된 처분장에 잘 보관하면 300년 후에는 방사능이 원래의 약 1,000분의 1로 줄어들게 되는 것이지요. 이에 비해 기후변화를 일으키는 이산화탄소는 300년이 아니라 몇만 년을 땅속에 묻어 두어도 사라지지 않습니다. 이런 단순한 비교를 통해 살펴봐도 원자력이 반생태적인 에너지라는 주장은 설득력이 없다고 할 수 있습니다.

우리나라의 원전이 지금 당장은 문제가 없더라도 일본과 같은 대형 사고가 일어나지 않는다고 장담할 수는 없습니다. 하지만 걱정을 앞세워 무조건 원전을 반대하는 것보다 원전의 안정성을 높일 방법을 과학적으로 찾아보고 현실적인 대책을 세우는 게 우선이 아닐까요? 최악의 가능성을 대비해 끊임없이 감시하고 연구하고 대책을 세워 나간다면, 원자력은 위험하지 않습니다. 기후 재앙에서 지구를 구하기 위해, 우리 후손에게 깨끗한 자연을 물려주기 위해, 전기가 없어 고통받는 사람들에게 값싸게 전기를 공급하기 위해 더 이상 원자력발전을 반대해서는 안 됩니다. 지구를 살릴 수 있는 에너지는 원자력발전뿐이기 때문입니다.

아니야,
원자력이 가져올 미래는
악몽일 뿐이야

후쿠시마에서 되살아난 악몽

'최후의 결사대'. 후쿠시마 원전 사고가 일어나자 최악의 사태를 막기 위해 죽음의 현장으로 투입된 사람들. "지금까지 그랬던 것처럼 잘 지내야 해. 집에 돌아가지 못할 것 같아." 가족에게 문자메시지를 보내는 손이 떨렸을 것이다. 작은 손전등에만 의지해야 하는 캄캄한 원자로 안, 1년 허용치의 1,000배가 넘는 방사능 속에서 방호복 하나만 입은 채 목숨을 걸고 복구 작업에 매달렸지만 희망은 없다. 식사는 하루 두 번, 아침은 채소 주스와 비스킷 몇 조각이 전부였다. 저녁은 인스턴트 밥과 통조림으로 때우고, 씻을 물도 없이 쪽잠을 자며 사투를 벌여 나갔다. 휴대용 계측기는 시간당 180밀리시버트■를 가리키고 있지만 더 큰 폭발을 막기 위해 무시할 수밖에 없다. 아차 하는 순간 고여 있던 물이 장화를 신지 않은 이들의 신발 안으로 흘러들었고, 그 순간 발 아래가 엄청난 방사능에 피폭되었다.

■ **밀리시버트**mSv
시버트Sv는 방사능이 생물체에 미치는 영향을 나타내는 단위. 1Sv=1000mSv. 우리가 자연적으로 받는 방사능 양은 약 2.4mSv, 의료용 등 인공적으로 받은 양은 약 0.67mSv이다. 1Sv의 방사능에 피폭되면 100명 중 5명이 수년 내 암에 걸리며, 2.5~6Sv는 불임, 7Sv는 며칠 내 사망한다.

후쿠시마 원전 폭발 사고

급히 병원으로 이송됐지만 피부 속까지 화상과 같은 상처를 입어 이식수술이 필요했다. 물웅덩이에서는 평소 검출되던 양의 1만 배나 되는 방사능이 검출되었다.

2011년 3월 11일, 규모 9.0의 강력한 지진이 동일본을 뒤흔들었고 곧이어 거대한 쓰나미가 덮쳤습니다. 이 여파로 진앙에서 270킬로미터 떨어진 후쿠시마 원자력발전소가 부서지고 침수되면서 원자로 세 개가 멈췄지요. 이튿날 1호기에서 수소 폭발이 일어나 전 세계를 경악시켰고, 발전이 끝나 보관 중이던 핵연료들까지 다시 들끓기 시작했습니다. 뒤이어 총 네 개의 원자로가 차례로 폭발하면서 사태는 걷잡을 수 없이 악화되었습니다. 원자로를 냉각시키기 위해 헬기와 살수차를 동원해 물을 쏟아 붓고 최후의 결사대까지 투입했지만 결국 방사능 누출을 막지 못했습니다. 엄청난 양의 방사능 오염수가 그대로 바다로 흘러들었고, 원전 근처 주민 33만 명이 긴급 피난을 떠나야 했지요.

후쿠시마 이전에도 인류는 이미 여러 차례 원자력의 위험성을 알리는 경고음을 들었습니다. 1979년 3월 28일 미국 펜실베이니아 주의 해리스버그에 있는 스리마일 섬 핵발전소에서 냉각장치 작동 정지로 핵연료가 녹아내리는 노심 용융■ 사고가 일어났습니다. 그리고 1986년에는 우크라이나 체르노빌 지역의 원자력발전소에서 폭발에 의한 방사능 누출 사고가 일어났습니다. 체르노빌 발전소의 원자로 4호기에서 비정상적인 핵반응으로 발생한 열이 감속재인 냉각수를 열분해시키고, 그로 인해 발생한 수소가 원자로 내부에서 폭발함으로써 생긴 사고였습니다. 폭발은 원자로 4호기의 천장을 파괴하였으며, 파괴된 천장으로 핵반응을 통해 생성된 방사성 물질들이 누출되었습니다. 이 사고로 2차 세계대전 당시 히로시마에 투하되었던 원자폭탄보다 무려 400배 이상의 방사능이 누출되어 체르노빌 주변에 있는 러시아, 벨라루스, 우크라이나 세 나라뿐만 아니라 유럽 곳곳으로 퍼져 많은 지역을 오염시켰고, 우리나라에까지 방사능 낙진이 떨어졌습니다. 방사능은 수십만 명의 인명 피해를 가져왔고 암, 기형아 발생 등의 후유증을 불러왔습니다. 현재도 체르노빌 지역은 자연 상태보다 방사선이 100배 이상 검출되고 있는 죽음의 땅으로 불리고 있습니다.

후쿠시마 역시 마찬가지입니다. 사람들이 살던 터전은 텅 비어 으

■ **노심 용융**
원자로가 냉각장치 고장으로 과열되어 녹아내리는 사고. 멜트다운, 노심융해라고도 한다.

"원자력발전소에서 나오는 빨간불을 끄는 기술은 아직도 없습니다. 100만 년이 지나도 아직 10명의 사람을 죽일 수 있는 게 남아 있다면 얼마나 끔찍합니까. 그렇게 오랫동안 꺼지지 않는 불, 끌 수 없는 불입니다. 인간이 만든 불이라면 끄고 싶을 때 끌 수 있어야지요. 원자력의 불은 켜고 싶을 때 켤 수 있지만 끄고 싶을 때 끌 수 없는 빵점짜리 기술입니다."
- 반핵 시민과학자 다카기 진자부로

스스한 유령 마을이 되었습니다. 그리고 사고가 일어난 지 8년이 지난 2019년까지 여전히 12만여 명이 피난 중이며, 병사와 돌연사·자살 등을 포함한 관련 사망자만도 3,000여 명에 이릅니다. 오염된 흙과 잔해를 모아둔 방사성 폐기물은 도쿄돔 11개를 가득 채울 만큼 거대한 산을 이루었고, 방사성 폐기물을 태우는 연기에서도 방사능이 검출되고 있지요. 2018년에 겨우 로봇을 이용한 원자로 내부 조사를 시도했지만 여전히 너무나도 강한 방사선량 때문에 로봇이 고장을 일으킬 정도입니다. 후쿠시마 사고가 뿜어낸 방사능은 아직도 우리나라는 물론 미국, 유럽, 아시아 등 전 세계로 퍼져 나가고 있습니다. 과학자들은 22세기가 되어도 지구는 후쿠시마의 그림자를 벗어나지 못할 것이라고 경고하고 있지요.

원자력, 청정 에너지? 잿빛 에너지!

원자력발전은 태생적으로 위험성을 갖고 있습니다. 핵분열 과정에서 순간적으로 발생하는 막대한 양의 에너지 때문입니다. 뿐만 아니라 방사선이라는 반갑지 않은 부산물도 발생하지요. 방사선은 원자핵 분열 과정에서 나오는 전자파를 이야기합니다. 여름철에 피부가 검게 타는 것은 자외선이라고 하는 전자파로 인해 피부 세포가 파괴되어 일종의 화상을 입게 되는 것입니다. 그런데 핵분열 과정에서 발생하는 방사선은 이 자외선보다도 훨씬 더 강력한 전자파라 사람이나 동식물이 방사선을 쪼이게 되면 세포가 파괴되거나 변형되어 암이 발생할 수 있고, 생식세포가 손상되면 세포 속 유전자가 변형되어 암이 유전될 가능성도 있습니다.

방사선은 소량이라도 인체에 치명적인 타격을 준다. 특히 흡입하거나 음식을 통해 섭취하면 소량이라도 인체에 오래 남아 큰 피해를 준다. 방사능은 맛, 소리, 냄새, 형상이 없어 사람이 스스로 위험을 느끼고 방어할 수가 없다. 당장은 증상이 없어도 수년, 수십 년의 잠복기를 지나 암, 유전병 등이 나타나기도 한다.

원자력이 이산화탄소를 발생시키지 않기 때문에 청정 에너지라고

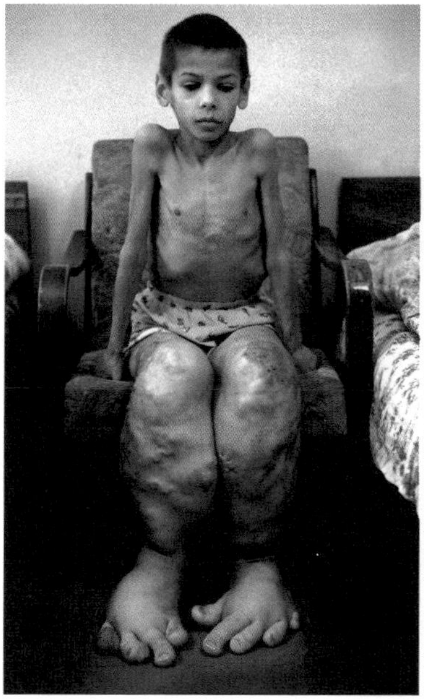
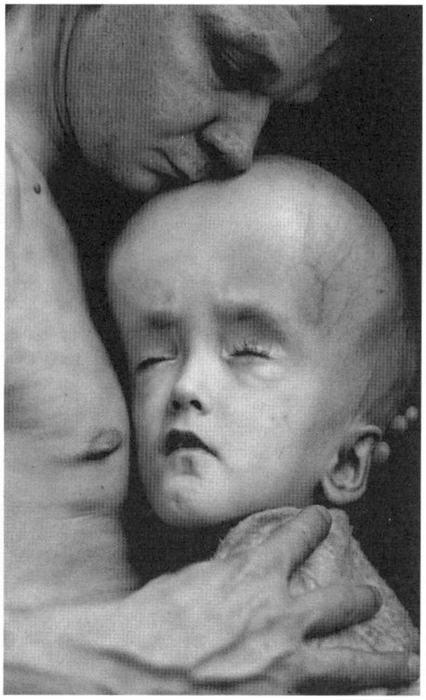

체르노빌 원자력발전소 사고로 방사능 피해를 입은 아이들

주장하는 사람들이 있습니다. 그러나 원자력발전이 기후변화를 막는 데 기여하는 정도는 6퍼센트밖에 되지 않습니다. 에너지 효율 개선(24%)이나 재생 에너지(12%)보다도 효과가 적습니다. 오히려 단 한 번의 사고로 인간뿐만 아니라 숲과 동식물 등 생태계 전부가 회복 불가능한 피해를 입게 만드니 청정 에너지가 아니라 잿빛 에너지라고 부르는 게 맞을 겁니다. 또 대형 사고가 나지 않더라도 발전 후 폐기물 처리와 핵연료 처리 과정에 훨씬 더 많은 주의를 기울여야 합니다. 그러니 원자력은 결코 청정 에너지라고 부를 수 없겠지요.

좀 더 철저한 안전 관리를 한다면 원자력발전소도 문제가 없을 것이라고 주장하는 사람들도 많습니다. 후쿠시마 사고는 특수한 경우일 뿐, 우리나라에서는 일어나지 않을 거라고 말하면서요. 그러

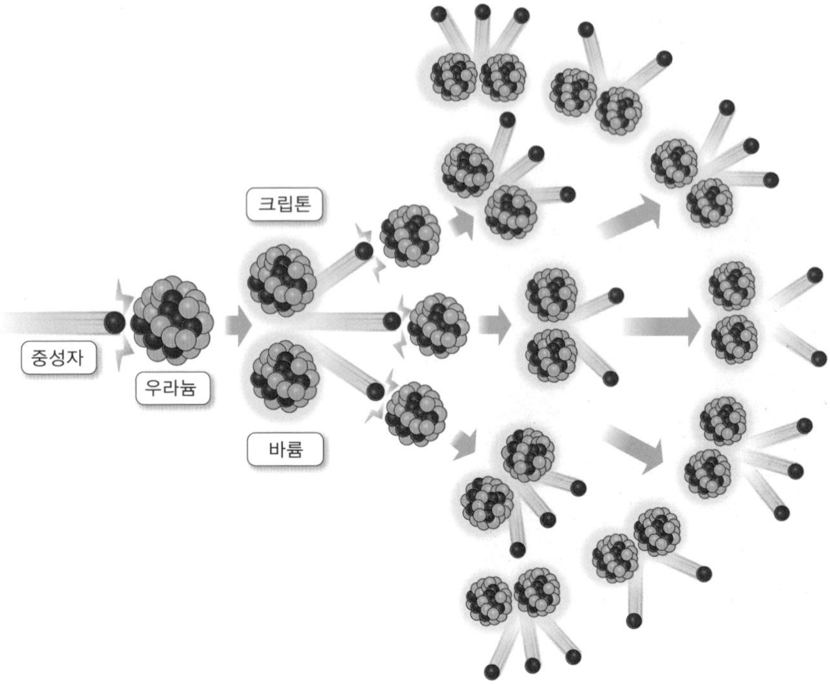

핵분열이 일어나면 도미노가 쓰러지듯 폭발적인 핵분열 연쇄반응이 일어나 어마어마한 에너지가 방출된다.

나 우리나라 원전의 구조가 일본과 다르다고 해서 안심할 수 있을까요? 비상 냉각 시스템만 잘 구축하면 걱정할 필요가 없을까요? 하지만 아무리 대비하고 시스템을 구축해도 예상을 뛰어넘는 사고는 발생하기 마련입니다. 독일의 사회학자 울리히 벡은 『위험사회』라는 저서에서 기술 중심의 현대 산업사회가 위험을 더 많이 확대하고 있다고 주장합니다. 또 미국의 사회학자 찰스 페로 역시 오늘날 '고위험 기술'로 인해 발생하는 사고는 아무리 조심을 해도 당연히 일어날 수밖에 없는 사고라고 말합니다. 사회가 점점 더 복잡해지고 거대해지기 때문에 그에 따라 관리 체계도 복잡해질 수밖에 없습니다.

이렇게 복잡해진 사회에서는 아주 작은 사고라도 복잡한 체계 속에서 몇 가지 우연적인 요소들과 만날 경우 상상할 수 없는 대형 사고가 될 수 있다는 것입니다. 다시 말해 100퍼센트 안전한 기술은 성립할 수 없는 것이지요. 그래서 이런 필연적인 위험을 피하기 위해서는 현재 사용 중이거나 개발 중인 기술들 중에서 가장 위험이 높은 기술을 폐기하는 것이 사고에 의한 재난을 막는 현명한 대응이라고 이야기합니다. 그 대표적인 예가 바로 원자력 기술입니다. 원자력은 한번 사고가 나면 돌이킬 수 없는 악몽이 되기 때문입니다.

"원자력발전소는 인간이 창조한 가장 위험한 발명이며 서로를 향해 겨누고 있는 핵무기와 다를 게 없다. 원자력발전소 건설은 인간의 무책임한 행동으로 지구에 가장 치명적인 범죄가 될 것이다"
– 패트릭 무어, 『미래세대에 대한 공격』에서

사고만 없으면 안심? 방사성 폐기물이라는 또 다른 숙제

체르노빌이나 후쿠시마와 같은 대형 사고만 일어나지 않는다면 원자력은 안전할까요? 그렇지 않습니다. 원자력발전에는 필연적으로 중저준위 폐기물이 발생합니다. 이것들은 어마어마한 양의 방사능을 내뿜는데, 방사능 발생 기간이 최소 수백 년이라고 합니다. 더구나 사용 후 핵연료에 포함된 플루토늄은 무려 24만 년 동안 초강력 방사선을 내뿜는다 하니 원자력발전이 가지고 있는 위험성은 강조를 하고 또 해도 지나치지 않습니다.

일부에서는 방사성 폐기물 처분장이 매우 견고하고 안전하여 반감기가 모두 끝나고 방사능이 발생하지 않을 때까지 안전을 보장할 수 있다고 합니다. 그러나 이런 주장은 단지 희망 사항일 뿐이랍니다. 독일의 경우만 보더라도 알 수 있습니다. 2010년 독일에서는 니더작센 주의 중저준위 방사성 폐기물 처분장에 보관 중이던 핵폐기물을 이전하기로 결정했습니다. 보관을 시작한 지 딱 30년 만의 일이지요. 왜일까요? 원인은 방사성 폐기물 처분장이 있던 땅에 금이

가면서 지하수가 새어 들어왔기 때문입니다. 이 지하수를 타고 방사능이 새어 나갈 위험이 있기 때문에 옮기기로 결정한 것이지요. 그런데 폐기물을 이전하는 일은 애초 건설할 때보다 훨씬 더 많은 돈과 시간이 드는 일이라고 합니다. 한화로 6조 5,000억 원이나 되는 돈이 들고, 이전 기간도 10년 이상 걸린다고 합니다. 이전이 완료되는 10년 동안 아무 일도 없어야 할 텐데 걱정이네요. 이것을 단지 남의 나라 일이라고만 할 수 있을까요?

우리나라에서는 2009년부터 경주에 중저준위 방사성 폐기물 처분장을 건설하는 공사를 시작했습니다. 그리고 2015년 서울 상암동 월드컵경기장 부지의 10배 규모로 10만 드럼의 중저준위 방사성 폐기물을 수용할 수 있는 처분장이 완성되었습니다. 현재 방사성 폐기물은 지하 1.4킬로미터 터널 끝에 있는 콘크리트 처분고 안에 저장되고 있지요.

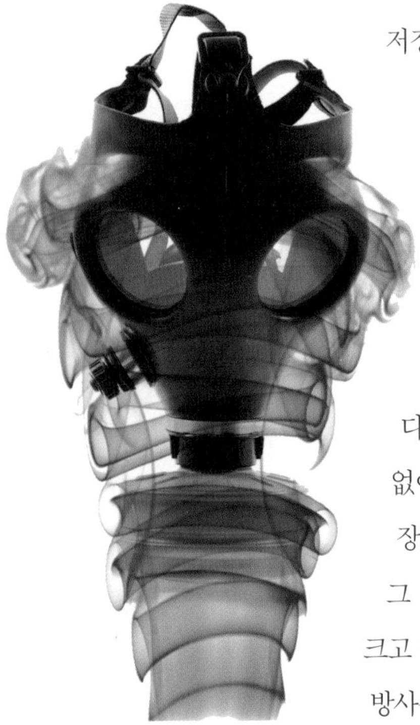

그런데 경주 방사성 폐기물 처분장은 암반이 약하고 지하수가 많은 곳에 세워졌습니다. 심지어 2016년 경주에 큰 지진이 발생한 것처럼 활성단층이 의심되는 곳에 자리잡고 있지요. 이미 공사가 시작될 때부터 건설 부지에서 많은 지하수가 쏟아져 나와 몇 번이나 공사가 중단되고 연기되기도 했습니다. 그러나 다른 곳으로 이전하기 위한 돈과 시간이 턱없이 부족한 데다 지역 주민들의 엄청난 반발로 이전할 장소를 찾을 수 없어서 결국 그대로 건설되고 말았지요. 그 결과 2017년에 콘크리트 구조물에 균열이 생기는 등 크고 작은 문제가 계속 발생하고 있습니다.

방사성 폐기물 처분장을 건설하는 데 쓰이는 콘크리트를

인류가 사용하기 시작한 지는 이제 겨우 100년이 되었습니다. 중저준위 방사성 폐기물 처분장은 최소 300년은 지나야 방사능이 안정화됩니다. 아직 한 번도 겪어 보지 못한 300년 후의 콘크리트의 안전성은 누가 보장하나요? 또 경주에 처분장을 무너뜨릴 지진이 300년 동안 한 번도 발생하지 않을 거라는 장담을 누가 할 수 있을까요? 원자력은 태생적으로 위험한 기술입니다. 그렇기 때문에 꼭 필요한 경우에만 극히 제한하여 사용을 해야 하는 것입니다. 원자력이 꿈의 에너지라고요? 네, 맞습니다. 단지 그 꿈이 악몽이라는 것뿐이지요.

세계 평화 최대의 적, 원자력

원자력의 문제는 여기서 끝나지 않습니다. 연탄을 태우면 재가 남습니다. 우라늄도 분열되고 나면 새로운 다른 물질로 변신을 하게 됩니다. 모든 반응이 끝나고 나면 사용 후 핵연료에는 0.8퍼센트 정도의 235우라늄과 약 1퍼센트 정도의 플루토늄(Pu), 상당한 양의 238우라늄이 남게 됩니다. 이때 만들어진 플루토늄이 바로 원자폭탄을 만드는 원료가 됩니다. 물론 핵 재처리를 하는 표면적인 이유는 사용 후 핵연료를 원자로의 원료로 다시 사용하겠다는 것입니다. 235우라늄은 분리하면 다시 일반 원자로에서 사용할 수 있습니다. 그리고 아직 실용화되지는 못했지만 고속증식로■를 사용하면 238우라늄을 원료로 재사용할 수 있습니다. 물론 플루토늄도 연료로 사용할 수 있습니다. 하지만 고속증식로는 일반 원자로보다 폭발 위험성이 더 큽니다. 그래서 연구 개발하기 시작한 지 40년이 지났는데도 아직 실용화되고 있지 못한 것입니다.

■ **고속증식로**
고속중성자를 이용해 핵분열 반응을 일으켜서 우라늄238을 플루토늄239로 변환시켜 주는 원자로다. 소모되는 핵연료에 비해 더 많은 새로운 연료를 만들어 낼 수 있어서 '꿈의 원자'로 라고 불린다.

가장 큰 문제는 플루토늄입니다. 사용 후 핵연료에서 플루토늄을 분리해 내게 되면 손쉽게 핵폭탄의 원료를 손에 넣게 되는 것인데, 그것이 과연 원자력발전의 원료로만 사용되게 될까요? 또 이 원료가 도난을 당하게 될 염려는 없을까요? 테러리스트가 원자력발전소를 공격이라도 하면 어떻게 될까요? 이런 위험성 때문에 원자력발전소가 원자폭탄의 제조 공장이나 다름없다는 주장이 나오는 것입니다. 영화 〈반지의 제왕〉에서 그렇게 강직하던 프루도도 마지막 순간 반지의 유혹에 빠져 버렸듯이 플루토늄을 손에 넣은 누군가가 핵폭탄을 만들지 않는다는 보장은 없습니다. 그래서 많은 나라들이 사용 후 핵연료의 영구 폐기를 주장하고 있는 것이지요.

세계적 대세는 원자력발전 확대가 아닌 감소

미국 드라마 〈CSI 마이애미〉 에피소드 중에 유전자조작 옥수수를 만드는 기업의 이야기가 나옵니다. 이 기업의 대표이사는 "우리 옥수수가 문제를 일으킬 수 있다는 사실은 연구 과정에서 이미 알고 있던 사실입니다. 하지만 자동차 사고로 죽는 사람 수보다 우리 유전자조작 옥수수를 먹고 사망하는 사람이 훨씬 더 적습니다. 사람들이 사망 확률이 높다고 자동차를 안 탑니까? 우리 옥수수 덕에 사람들은 싼 가격에 좋은 음식을 먹을 수 있습니다."라고 말합니다. 이 드라마 속 일화와 비슷한 느낌을 주는 일이 원자력발전에서도 벌어지고 있습니다. 원자력발전이 많은 문제를 갖고 있음을 알면서도 국내에 원전을 더 많이 짓고, 심지어 다른 나라에 원전을 수출하기 위한 노력을 멈추어서는 안 된다는 목소리가 끊이질 않지요.

"원자력이 문제를 일으킬 수 있습니다. 그러나 원자력 덕에 우리는 싼 값에 에너지를 얻고 경제도 살릴 수 있습니다."

정말 이렇게 말해도 되는 걸까요? 심지어 2013년, 원자력발전소를 안전하게 관리해야 할 사람들이 불량부품을 눈감아 주는 대가로 수천~수억 원의 뇌물을 받는 등 오랫동안 비리를 저질러 온 사실이 드러나면서 국민들을 분노케 했습니다. 물론 이들이 원전 수출에 가장 적극적이었고요.

1989년에는 유럽연합(EU) 가입 국가들 중 27개국에서 177개의 원자력발전소가 가동 중이었습니다. 2019년 현재 세계 30개국에서 453개의 원전이 가동 중이고, 55개가 건설 중이며 141개가 계획 중입니다. 그리고 170개가 영구 정지 상태지요. 숫자만 놓고 보면 전 세계가 원전을 확대하고 있는 것처럼 보입니다. 우리나라에서도 오래된 원자력발전소를 영구 정지하고 더 이상 원전을 짓지 않겠다고 하자 "세계의 원전 확대 추세에 역행하고 있다."고 반대하는 목소리가 높았습니다. 그러나 이는 중국, 러시아, 인도 등 일부 국가의 이야기일 뿐입니다. 현재 전 세계에 새로 건설되는 원자력발전소의 3분의 1이 중국에 있으며, 2030년까지 110개의 원자력발전소를 짓겠다고 선언하는 등 중국이 지나치게 원자력발전에 매달리고 있어서 일어나는 착시 현상입니다. 오히려 영구 정지에 들어간 원전을 함께 살펴보면, 미국 34기, 영국 30기, 독일 28기, 일본 17기, 프랑스 12기 등으로 대부분 선진국으로 불리는 나라입니다. 이 나라들은 원전을 새로 짓지 않습니다. 영국과 독일은 현재 건설 중인 원전이 없으며, 프랑스와 미국은 이미 건설 중이던 원전마저 공사가 지연 중이지요.

분명한 점은 원자로가 이미 과도하게 늙어가고 있다는 사실입니다. 원자로의 수명, 즉 원자로를 폐쇄해야 하는 평균 기간은 22년이지만 2018년에 이미 전 세계의 원자로는 29.9살이 되었습니다.

그렇다면 왜 원자력발전은 쇠락하고 있는 걸까요? 원자력이라는 기술 자체가 가지고 있는 위험 요소 때문입니다. 우선은 새로운 발전소를 건설할 부지를 선정하는 일부터 어렵습니다. 누가 자기 집 앞마당에 언제 어떻게 터져버릴지 모르는 폭탄 같은 위험 시설을 지으라고 쉽게 동의해 줄 수 있겠습니까? 게다가 원자력발전소 안에 쌓일 대로 쌓여 있는 중저준위 방사성 폐기물 처분장이나 사용 후 핵연료 폐기를 위한 부지 선정은 더더욱 어려운 실정입니다.

원자력발전의 원료인 우라늄 광석의 매장량도 문제입니다. 우라늄은 카자흐스탄, 호주, 니제르, 나미비아 등 극소수 나라에 집중되어 있습니다. 현재 매장량으로는 앞으로 30년간 우라늄을 안정적으로 공급하기에도 부족합니다. 일부에서 원자력발전의 새로운 부흥인 원전 르네상스를 이야기하고 있지만 너무 많은 경제적 부담과 건설 기간의 장기화, 상대적으로 너무 적은 우라늄 매장량 등에 비추어 볼 때 2030년의 원자력발전 용량은 2010년 수준 이하일 것입니다. 또한 원자력발전을 지지하는 사람들의 바람대로 원자력발전소가 급증하게 된다면 원자력발전소의 사고 발생 가능성은 그만큼 더 높아지게 됩니다. 만에 하나 체르노빌이나 후쿠시마 같은 원전 사고가 한 번이라도 더 일어나는 날에는 원전 산업은 재활 불가능하고 위험한, 거대한 쓰레기 더미가 되어 버릴 것입니다.

세계적 대세는 재생 에너지 개발

2018년 통계를 보면 미국 99기, 프랑스 58기, 일본 42기, 중국 37기, 러시아 35기 순으로 원전을 보유하고 있습니다. 우리나라는

24기의 원전을 보유하고 있는 나라로, 세계에서 여섯 번째로 원전이 많은 나라입니다. 그런데 우리나라의 경우 국토 면적에 비해 원자력발전소가 너무 많아서 원전 밀집도가 세계 1위인 위험 국가입니다. 미국·러시아·중국과 우리나라 땅덩이를 비교해 보세요. 더구나 원전 대부분이 부산, 울산, 대구 등 대도시가 있는 동해 남쪽 해안가에 모여 있어서 더 위험합니다. 2012년 환경운동연합 등 4개 환경단체가 고리 원자력발전소 1호기와 월성 원자력발전소 1호기가 후쿠시마와 비슷한 사고를 당하는 모의 실험을 했습니다. 그 결과 최대 72만 명이 급성 사망하고, 1,000조 원이 넘는 어마어마한 피난 비용이 발생하는 것으로 드러났습니다.

이런 위험에도 불구하고 비용과 효율 면에서 원자력을 대체할 에너지가 없기 때문에 원전을 포기할 수 없다는 주장이 힘을 얻고 있습니다. 그러나 원자력 에너지는 절대 값싸고 효율적이지 않습니다. 발전 단가만 놓고 보면 원자력이 태양광이나 풍력에 비해 값이 싸 보이지만, 발전 전체에 들어가는 비용은 결코 적지 않기 때문입니다. 우리나라의 첫 번째 발전소인 고리 1호기를 짓는 데 1조 5,000억 원이 들었지만, 수명이 다해 이를 폐기하고 폐기장을 짓는 데 2조 원, 폐로를 처리하는 데 1조 원이 들어가고 있습니다. 하지만 햇빛과 바람은 태양이 있는 한 영원히 사용할 수 있습니다. 발전소 건설 비용 역시 점점 줄어들고 있습니다. 2009년 발전 단가가 킬로와트시당 677원이던 태양광이 2018년에 250원으로 줄어든 것만 봐도 알 수 있지요.

원자력발전의 길을

벗어난 선진국의 선택도 신재생 에너지입니다. 태양광과 풍력뿐 아니라 조력, 파력, 지열, 바이오디젤, 바이오연료, 바이오가스 폐기물 등을 모두 포함한 재생 에너지 개발에 박차를 가하고 있습니다. 독일의 재생 에너지 비율은 2010년 15퍼센트에서 2016년 28퍼센트까지 상승했으며, 미국은 재생 에너지 발전량이 원자력에너지 발전량을 추월했습니다. OECD 국가의 에너지 소비량 중 재생 에너지 비중은 2004년 6퍼센트에서 2014년 9.2퍼센트까지 증가했습니다. 10년 사이에 50퍼센트 이상 증가한 셈입니다. 심지어 원전에 많은 투자를 하는 중국까지 미래를 대비한 재생 에너지 개발에 주력하고 있지요. 중국은 2017년 태양광 · 풍력 발전 설비 용량에서 세계 1위를 차지했습니다. 그러나 우리나라의 설비별 전력 생산량을 보면 재생에너지가 차지하는 비중은 1퍼센트에 불과합니다.

원자력은 설령 청정하고 경제적이라 하더라도 인류 대참사를 가져올지도 모를 위험하고 파괴적인 기술입니다. 체르노빌의 악몽과 후유증은 아직 끝나지 않았고, 후쿠시마의 재앙은 이제 시작일 뿐이라는 사실을 잊지 말아야 합니다. 위험 기술인 원자력을 안전하게 만드는 데 돈과 기술을 쓸 게 아니라 안전하고 깨끗한 신재생 에너지를 더 잘 이용하는 데 돈과 기술을 쓰는 게 상식적이고 합리적인 선택입니다.

입장 정하기

● 두 글에서 주장의 근거로 제시한 내용을 각각 요약해 봅시다.

● 다음 쟁점에 대하여 자신의 입장을 정하고 근거를 제시해 봅시다.

쟁점1 원자력발전소는 안전하게 관리될 수 있다.

	그렇다	아니다
근거		

쟁점2 원자력은 기후변화 시대에 화석연료를 대체할 에너지이다.

	그렇다	아니다
근거		

쟁점3 경제 활성화를 위해 원자력 기술을 수출해야 한다.

	그렇다	아니다
근거		

● "과학기술은 그 자체로는 위험성이 없지만 관리하는 사람들의 부주의와 안전관리 체계의 미흡으로 사고가 난다. 원자력발전소도 좀 더 철저한 안전관리를 한다면 100퍼센트 안전하다."라는 글에 댓글을 달아 봅시다.

달라도 너무나 다른, 우리는 형제 사이

원자폭탄 VS 원자력발전

한순간 번쩍이는 섬광. 머리카락은 불타 없어지고 피부는 화상을 입어 벗겨지고 녹아내립니다. 흔적도 없이 사라진 건물, 시체들 사이를 유령처럼 걷고 있는 사람들. 바로 1945년 8월 5일 히로시마의 풍경입니다. 그런데 이렇게 무서운 원자폭탄은 원자력발전과 아주 가까운 사이로, 사실은 부모가 같은 형제랍니다. 무슨 소리냐고요? 조금 어렵지만, 차근차근 따라와 보세요.

핵에너지, 그것이 알고 싶다

물질을 쪼개면 더 이상 쪼갤 수 없는 입자가 나오는데, 바로 원자다. 원자는 핵과 핵 주위의 전자들로 구성되고, 핵은 양성자와 중성자의 집합체로 이루어져 있다. 양성자와 중성자는 핵력이라는 강한 힘으로 붙어 있다. 그런데 우라늄의 경우 외부에서 중성자를 주입해 이들과 충돌시키면 핵은 몹시 불안정한 상태가 되어 마치 물방울처럼 춤추다가 결국 두 개로 나뉜다. 핵이 분열하는 것이다.

우라늄이나 플루토늄 같은 뚱뚱한 원자는 좀 더 가벼운 두 개의 핵으로 분열 반응을 일으키고 나면 질량이 작아진다. 왜냐하면 핵이 결합하고 있을 때 갖고 있던 결합에너지가 없어지게 되니까 그 에너지만큼 질량이 줄어들기 때문이다. 줄어든 에너지는 핵에너지로 방출된다. 핵에너지는 얼마나 될까? 아인슈타인에 의해 발표된 상대성 원리에 의하면, 물체가 운동하지 않고 정지 상태에 있어도 운동에너지를 가진다. 그 값은? $E=mc^2$. 여기서 E는 에너지, m은 질량, c는 빛의 속도인 광속인데, 제곱이 영어로 스퀘어니까 엠씨스퀘어가 된다. 핵분열에서 질량이 줄어들면 그만큼 에너지가 방출된다. 광속이 초속 30만 킬로미터로 이를 제곱하면 엄청난 숫자인데, 핵에너지는 질량에 이 값을 곱한 값이니 아무리 작은 질량이라도 거기에서 나오는 에너지는 막대할 수밖에 없다.

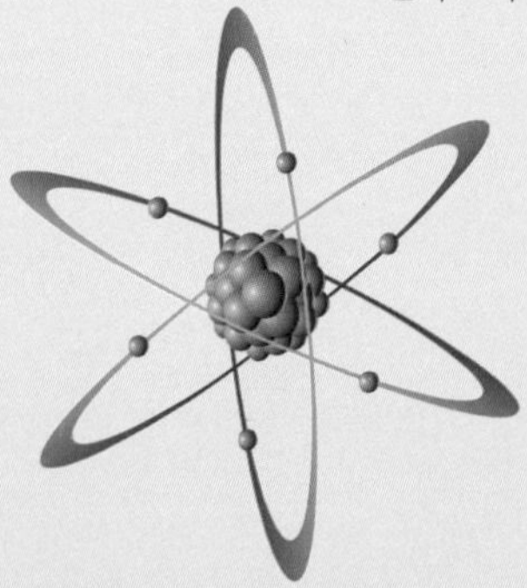

같은 부모에서 나온 성격이 다른 두 형제

우라늄은 92개의 양성자에 중성자 수는 143개나 된다. 굉장한 헤비급이다. 원자번호가 92 이상이 되면 양성자의 수가 많아지고 그만큼 양성자 간의 반발력이 커져서 중성자가 서로를 잡아 두는 힘으로는 부족하다. 그러니 원자는 건드리지 않아도 매우 불안정해진다. 그래서 우라늄의 경우 중성자를 하나만 핵에 쏘아 넣어도 불안정성이 극도로 커지게 되어 두 개로 쪼개진다. 이때 2~3개의 중성자가 튀어나오는데, 이들 중성자가 근처에 있는 다른 우라늄에 들어가게 되면 다시 핵이 쪼개어지고, 또 여분의 중성자를 방출하고 또 근처의 우라늄을 쪼개고……. 마치 여러 방향으로 펴져 있는 도미노가 쓰러지듯 핵이 쪼개지는 폭발적인 연쇄반응이 일어난다. 그리고 이와 함께 굉장한 양의 에너지가 뿜어져 나온다.

원자폭탄과 원자력발전은 둘 다 이 원리를 이용한다. 원자폭탄이 한꺼번에 급격한 핵분열 연쇄반응을 일으켜 폭발적인 에너지를 내는 것과 달리 원자력발전은 반응속도를 조절해 천천히 에너지를 얻고, 그 에너지로 물을 끓여 증기를 만들고 모터를 돌려 전기를 생산한다. 반응속도의 조절은 어떻게 할까? 핵분열을 조금씩 일으키면 된다. 핵분열을 일으키는 열쇠는 중성자다. 그래서 중성자 수를 조절하여 반응속도를 조절하게 된다. 즉, 중성자를 잘 흡수하는 물질을 금속관 안에 넣어 사용하는데 이것이 바로 제어봉이다. 제어봉에는 카드뮴이나 붕소가 사용된다. 중성자의 속도가 너무 빨라도 반응이 잘 일어나지 않게 된다. 이때는 중성자를 흡수하지는 않으면서 속도만을 줄여 주는 물질을 사용하는데, 이러한 물질을 감속재라고 부른다. 감속재로는 물이나 보통의 물보다 무겁고 끓는점이 높은 중수를 사용한다. 또 핵연료가 들어 있는 연료봉에서 발생하는 열을 내리기 위해 냉각수를 사용한다. 결국 원자력발전과 원자폭탄은 부모가 같은 두 명의 형제라고 생각하면 된다. 형은 성질이 매우 급하고 동생은 조절 가능한 성격을 가지고 있는 형제. 동생이 화를 참지 못하면? 바로 원전 사고로 이어진다. 일본에서 원자력발전소가 안전하다고 말하던 사람들은 원자력발전소에 사고가 날 확률은 야구장에 운석이 떨어질 확률보다 낮다고 자신했었다. 하지만 아무리 확률이 희박하더라도 한 번 사고가 발생하면 돌이킬 수 없는 희생을 가져온다. 체르노빌과 후쿠시마처럼.

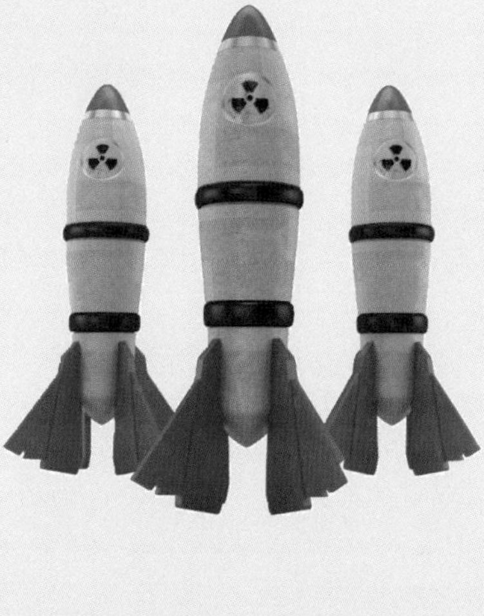

3 강 살리기

그래,

강을 잘 다스려서

풍요롭게 살겠어

아니야,

자연의 생명줄에

함부로 손댈 수는 없어

"엄마야 누나야 강변 살자"로 시작하는 김소월의 시를 모르는 사람은 없을 거예요. 뜰에는 금모래가 반짝이고 뒷문 밖에서 갈잎의 노래가 들리는 강변은 누구나 살고 싶은 아름답고 정겨운 곳이지요. 강은 그 아름다움을 통해 심미적인 가치를 제공할 뿐만 아니라 사회 · 경제적으로도 매우 중요한 곳입니다. 강은 식수나 용수, 어패류, 건설 골재를 공급하고 물자의 이동 통로가 되는가 하면 때로는 관광자원이 되기도 하지요. 그래서 역사적으로 강을 관리하는 치수 사업은 인간의 생존과 번영을 우선시해 왔습니다. 더구나 산업의 발달과 인구의 증가, 급격한 기후변화로 물 부족 현상이 점점 심해지면서, 20세기에 석유를 차지하기 위해 분쟁했듯 21세기에는 물이 분쟁의 씨앗이 될 거라는 예측마저 있습니다. 수자원 확보를 위한 치수 사업의 중요성을 강조하는 말이지요. 그러나 최근 이러한 치수 사업에 대한 우려의 목소리가 높습니다. 강은 인간뿐 아니라 수많은 생명이 함께 살아가는 공간이기 때문입니다. 만약 인간의 필요만을 충족시키기 위해 강을 개발한다면 이는 생태계 파괴로 이어져 결국 우리의 삶을 위협할 수 있지요. 강을 인위적으로 개발하는 일에 반대하는 사람들은 생태계 내의 모든 생명체가 존중받을 수 있도록 강을 복원해야 한다고 주장하고 있습니다.

생각열기

이른바 강중칠우江中七友는 굽이쳐 흐르는 낙동강洛東江의 일곱 벗이라. 백두대간白頭大幹은 한반도의 등줄기라 하여 돌과 흙과 나무와 산짐승으로 간중사우幹中四友를 삼았나니 백두대간에서 흐르기 시작한 낙동강인들 어찌 홀로 벗이 없으리오. 이러므로 강에서 맡은 일에 따라 각각 이름을 정하여 벗을 삼을 새, 낙엽을 영양 각시라 하고, 곰팡이를 분해 부인이라 하고, 식물성 플랑크톤을 생산 각시라 하고, 하루살이로 제1소비 부인이라 하고, 붕어로 제2소비 낭자라 하고, 버드나무로 녹색 댐 각시라 하며, 강물로 유수 할미라 하여, 칠우가 일제히 모여 한가지로 의논하여 각각 맡은 일을 말하는지라.

하루는 칠우 모여 각자 공을 의논하더니 영양 각시 버석거리며 몸을 일으켜 이르되, "벗들은 들으라. 나는 강변 나무 출신이라. 육상에서 명을 다하고 강으로 낙하하여 질소N, 인P, 황S을 마련하니, 물속 동식물의 영양은 나 아니면 어찌 이루리오. 이러므로 강에서 내 공이 으뜸되리라."

분해 부인 재빨리 포자를 내뿜으며 이르되, "영양 각시야, 그대 아무리 잘 갖춘들 낙하할 시 큰 덩어리로 누구에게 먹히겠느냐? 포자를 낙엽에 덮어 균사를 침투하여 분해하는 내 공과 내 덕이니 네 공만 자랑 마라."

제1소비 부인 분주히 날개를 퍼덕이며 이르되, "두 벗의 말이 마땅치 않다. 진

강물 속 생태계는 식물성 플랑크톤과 같은 생산자, 이들을 먹고 사는 수서곤충과 같은 1차 소비자, 다시 이들을 잡아먹는 2차 소비자인 물고기, 분해자인 미생물과 곰팡이로 이루어져 있습니다. 여기에 하천의 풀과 나무, 강물을 이용하는 인간, 그리고 이 모든 것을 감싸 안고 유유히 흐르는 강물이 어우러져 하천 생태계를 구성하고 있지요. 만약 강의 생태계를 구성하는 생명체가 제 처지와 기능에 대해 저마다 소리 내어 말할 수 있다면 뭐라고 할까요? 옛 수필인 「규중칠우쟁론기」를 빌린 다음 글을 읽고 상상해 봅시다.

주 열 그릇이라도 꿴 후에 구슬이라 할 것이니, 영양이 풍부하다 하나 물에 떠가는 부유물이오. 분해가 탁월하다 하나 먹히지 않으면 물만 흐릴 뿐이오. 내가 영양분을 먹고 물을 깨끗케 하는 데 기여하니 수질이 좋다 나쁘다 평가하는 지표는 나 아니면 누가 하리오. 두 벗이 영양을 공급하고 잘게 분해한다 하나 내 아니면 공이 없을진대 무슨 공이라 자랑하느뇨."

제2소비 낭자 얼굴이 붉으락푸르락 노하여 이르되, "제1소비야, 네 공이 곧 내 공이라. 자랑 마라. 네 아무리 착한 체하나 내 먹이가 되지 않으면 생태계 순환이 되지 않으니 네 어찌 자랑하리오."

유수 할미 웃고 이르되, "벗님네들, 웬만하면 자랑 마소. 이 늙은이 비록 말수 적지만, 크고 작은 생명이 살고 죽는 물이 바로 나라오. 옛말에 닭의 입이 될지언정 소의 뒤는 되지 말라 하였으니, 제2소비 낭자는 제1소비 부인의 뒤를 따라다니며 무슨 말을 하시느뇨. 실로 얼굴이 아까와라. 나는 번번이 낮고 파인 땅을 물로 덮어 감추며 아무 말도 아니 하노라."

생산 각시 호리낭창한 허리 구부리며 이르되, "그대들은 다투지 말라. 나도 잠시 공을 말하리라. 광합성하여 유기물을 생산하니 제2소비 낭자의 숨은 무엇으로 쉬며, 제1소비 부인의 먹이는 무엇으로 채우리오. 공기와 빛으로 쓸모 있게 생산하니 내 공이 날로 광채가 나니라."

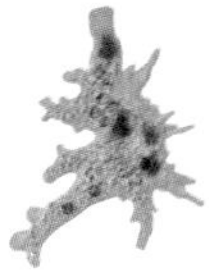

녹색 댐 각시 크나큰 입을 벌리고 너털웃음으로 이르되,

"그대와 나는 소임이 같다. 광합성 작용으로 생산하는 몸이로다. 다만 나는 땅과 물이 닿는 가장자리에서 물과 침전물을 조절하노라. 홍수에는 물을 흡수하여 흐름을 늦추고, 과한 영양은 흡수하여 농도를 묽히며, 뭇 생명에게 수중 서식처를 제공하니, 이러므로 내 공이 제일이 되니라."

강가에서 물 긷고 빨래하던 여자 이르되, "칠우의 공으로 강을 다스리나 그 공이 사람의 쓰기에 있나니 어찌 칠우의 공이라 하리오." 여인이 말을 마치매 칠우를 밀치고 연신 방망이로 빨래를 두들기니 영양 각시 탄식하고 이르되, "매정한 건 사람이오, 공 모르는 여자로다. 사람이 흘린 오폐수로 질소, 인 영양이 과하면 부영양화다 날 탓하니 어찌 야속하고 노엽지 않으리오."

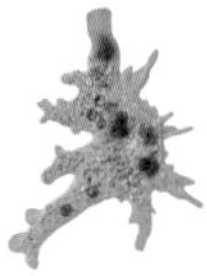

생산 각시 이어 가로되, "그대 말이 옳다. 물속 광합성은 나 아니면 못하련마는 부영양화에 맞춰 힘써 증식하면 적조다 녹조다 떠들며 그 공을 모르니 어찌 슬프지 아니하리오."

제1소비 부인 한숨 쉬고 이르되, "내 일찍이 무슨 일로 사람 손에 보채이며 극성맞단 소리를 듣는고. 사람과는 극한 원수라. 사람이 강물을 교란하면 크기 작고 수명 짧은 우리가 번성하여 이따금 사람을 괴롭게 하여 한을 푸니 시원하구나."

녹색 댐 각시 눈물지어 이르되, "나를 무슨 죄로 쓸모없다 여기는가. 농지를 만든다 하천을 정비한다 뽑혀 나가고 밀려 나가니 섧고 괴롭기 측량하지 못할레라."

칠우 이렇듯 논의하며 품은 생각을 말하니 빨래하던 여자 문득 깨쳐 칠우에게 이르기를, "칠우는 내 허물을 그토록 말하느냐?"

유수 할미 머리를 조아리며 이르되, "젊은 것들이 망령되어 생각이 없는지라. 저희들이 재주 있으나 공이 많음을 자랑하여 원망을 하여 대니 마땅히 곤장을 칠 만하되, 평소의 깊은

정과 저희의 조그만 공을 생각하야 용서하심이 옳을까 하나이다."

여자 빨래를 거두며 답하여 이르되, "아니로다. 너희 칠우 지껄이는 그 말을 듣고 보니 내 빨래가 가한 것이 다 너희 칠우의 공이라. 은혜를 갚기는커녕 천상천하 유아독존이라 칠우를 핍박했나니 부끄러운 것은 나요, 곤장 맞을 자도 나니라. 이제사 돌아보니 칠우 이름조차 살가울세. 영양 각시는 낙엽이라 제 몸을 부수고 썩혀 강물에 영양을 공급하나니 분해 부인은 곰팡이라 온갖 유기물 분해하여 영양염류 만드는 미생물이로구나. 생산 각시, 너는 식물성 플랑크톤이라 광합성으로 녹색 먹거리를 생산할제 제1소비 부인 너는 하루살이로 수서곤충이라 이를 먹고 다시 제 몸을 먹히는구나. 제2소비 낭자 너는 붕어로 어류라 먹이사슬을 연결할 적에 녹색 댐 각시 너는 버드나무라 하천림을 만드는구나. 녹색 댐 각시 드리운 그늘에 물고기 숨고 알 낳을 적에 넘치는 물 과한 양분 너로 인해 다스려지는구나. 유수 할미 굽이쳐 휘돌제 더운 여름 여울목에 이 내 발 한쪽 담그었구나."

여자 계속하여 가로되, "너희 칠우 서로 간에 하나라도 없으면 아니 될세라. 너희 공을 생각하면 물 한 방울도 귀하거늘 사람 정신 엇다 두고 설거지한다 빨래한다 합성세제 쏟아붓고 소, 돼지 오물까지 너희에게 떠밀었느뇨. 비를 틈타 내다 버린 공장폐수 얼마이리. 물길 막고 숨길 막아 물 고여 썩게 하고 개발이다 환경 정비다 못살게 구느니 인간일세. 칠우들아, 노여워 마소. 내 이제 너희 칠우 은혜를 잊지 아니하리니 내 심중에 그대들 공을 새겨 내 마음에서 떠나지 않게 하리라"

하며 여자 머리를 조아려 칠우에게 사죄하니 유수 할미 가로되, "열 길 물속은 알아도 한 길 사람 속은 모른다 하였거늘 산신령 강신령 탄식하매 무지한 게 인간이로다. 이제 문득 깨쳤으니 지난 죄야 용서함이 마땅하리오, 너희도 하늘 아래 같은 생명일진대 함께 흘러감이 어떠하리오."

하니 칠우와 여자, 서로 머리를 조아려 사례를 표하니라.

그래,
강을 잘 다스려서
풍요롭게 살겠어

전 세계를 위협하는 물 부족

지구촌의 물 부족 현상■이 갈수록 심각해지고 있습니다. 아프리카와 서아시아, 중국 서북부와 인도 서남부, 파키스탄과 멕시코, 미국과 남미의 서해안 지역은 특히 심각합니다. 심지어 물 부족으로 인한 전쟁의 위험까지 있습니다. 나일 강, 요단 강, 인더스 강처럼 강이 두 나라 이상의 영토에 걸쳐 흐르는 경우 원유 값만큼이나 상승한 물값 때문에 전쟁이 터질 가능성이 높아지고 있는 것이지요.

■ **물 부족 현상**
국제인구행동연구소에서 연간 1인당 물 사용 가능량 1000m^3 미만은 물 기근국가, 1000m^3 이상에서 1700m^3 미만은 물 부족국가, 1700m^3 이상은 물 풍요국가로 분류한다.

길이 7,000여 킬로미터에 유역이 700만여 제곱킬로미터나 되는 세계에서 가장 큰 강으로 꼽히는 아마존 강도 메말라 가고 있습니다. 기후변화■로 비가 줄고 무분별한 벌목까지 더해진 결과입니다. 아마존에서는 모터 달린 카누가 주요 교통수단인데 수위가 낮아져 강바닥에 걸릴까 봐 속력을 낼 수 없을 정도입니다. 밀림을 연결하

■ **기후변화**
지구적 또는 지역적 기후의 시간에 따른 변화. 최근에는 자연적 변화 외에 지구 온난화, 빙하 감소, 해수 온도 상승 등 인간 활동에 의한 변화를 주로 가리킨다.

볼리비아에서 두 번째로 큰 푸포 호수가 사막화되고 있다.

는 아마존 지류는 물이 흘렀던 부분이 휑하게 드러나 있습니다. 더욱이 마을로 들어가는 초입으로 갈수록 물이 완전히 말라서 원주민들은 예전처럼 카누를 이용해 마을 바로 밑까지 드나들 수가 없게 되었습니다. 밀림 밖 세상으로 오가는 생명줄인 뱃길. 그러나 강의 수량이 줄면서 대형 선박들은 이곳을 피하고 있습니다. 때문에 수상 물류비용은 오르고 물가도 뛰어 주민들도 울상입니다. 현지 뱃사공들은 3~4년 전부터 수위가 낮아졌지만 요즘처럼 낮아진 건 본 적이 없다고 말할 정도입니다. 현재 아마존의 수위는 평균보다 4미터 이상 내려가서 41년 전 기록을 시작한 이래 가장 낮습니다. 아마존 강

"20세기 전쟁이 석유를 차지하기 위한 것이었다면, 21세기 전쟁은 물을 차지하기 위한 전쟁이 될 것이다."
- 전 세계은행 부총재 이스마엘 세라젤딘

의 상황은 물 부족을 겪는 지구촌의 모습을 잘 보여 줍니다.

이러한 물 부족 현상이 다만 먼 나라의 이야기일까요? 우리나라의 물 부족 문제도 심각합니다. 우리나라의 연평균 강수량은 1.24밀리미터로, 세계 평균보다 1.5배 많습니다. 하지만 인구밀도가 높기 때문에 1인당 이용 가능한 강수량은 세계 평균의 8분의 1에 불과합니다. 게다가 연 강수량의 3분의 2가 여름 한철에 쏟아지고, 하천■의 급경사로 인해 대부분의 빗물이 일시에 바다로 흘러가서 물 관리도 매우 어렵습니다. 인구 증가, 경제 발전, 생활 패턴의 변화로 물 사용이 급격히 늘어난 탓에 2017년의 물 이용량은 1965년에 비해 7배나 증가했지요. 경제협력개발기구(OECD)는 2050년이 되면 회원국 가운데 우리나라가 물 부족으로 인해 가장 큰 고통을 겪게 될 것이라고 경고했습니다.

■ **하천**
강과 하천은 둘 다 물이 이동하는 수 생태계에 속하는 공간으로, 하천은 강보다 작은 규모를 말함.

기후변화 역시 한반도의 수자원 이용과 관리에 위협이 되고 있습니다. 한반도의 평균 기온은 지난 100년간 1.5도나 상승하여 물 부족 현상을 더욱 부채질하고 있습니다. 최근 10년간 100밀리미터 이상 쏟아진 폭우가 1.7배 증가한 반면 겨울과 봄에는 극심한 가뭄으로 하천이 말라 버려 수질이 크게 악화되었습니다. 해마다 겨울과 봄의 극심한 가뭄으로 전국 50여 곳에 제한 급수가 실시되는 것처럼 우리나라 역시 물 부족에 시달리고 있는 상황인 것입니다.

체계적인 강 관리가 필요하다

이러한 물 부족 현상을 해결하기 위해서는 무엇이 필요할까요? 그 답은 바로 국가 차원의 통합적이고 체계적인 물 관리 정책입니다. 댐이나 보■를 설치하여 물을 가두게 되면 수위를 높게 유지하거나,

■ **보**
수문이 없어 일정한 수위만 유지할 뿐 바닥 퇴적물 배출은 불가능.

강바닥을 파내어 물 저장 용량을 키울 수 있기 때문입니다. 특히 강은 외부와 단절된 물그릇이 아니므로 수위가 올라가면 강물이 강바닥을 통과해 주변 지역의 저수지 수위도 같이 올라가는 효과가 있습니다. 덕분에 하천 주변의 지하수 양이 많아지면 하천 유역의 주민에게는 농업용수나 생활용수로 활용할 수 있는 대체 수자원이 확보되는 셈입니다. 또 하천 일대에 지하수가 늘어나면 물을 좋아하는 생물들의 생태 환경이 개선될 수 있습니다. 하천림이나 수생 생물 등이 그 대표적인 예입니다. 독일에서도 다뉴브 강 인근에 보가 들어서면서 지하수 수위가 30~40퍼센트 정도 높아졌고, 하천 주변 자연경관이 좋아졌습니다. 물 부족 문제의 해결뿐만 아니라 홍수에 대비하는 것이 효과적인 물 관리라고 할 수 있습니다. 특히 기후변화로 인한 집중호우 때문에 홍수와 가뭄이 주기적으로 반복되는 상황에서 노후한 제방, 다목적댐의 용량 부족, 강바닥에 장기간 퇴적된 토사는 홍수 피해를 더욱 크게 만들고 있습니다.

우리나라는 2009년부터 2011년까지 한강, 낙동강, 금강, 영산강 유역을 정비한 4대강 살리기 사업을 시행했습니다. 하지만 빠른 시간 안에 성과를 보여주겠다는 욕심으로 제대로 사업을 시행하지 못한 탓에 녹조 현상으로 강이 초록색으로 변하는 등 부작용이 많았지요. 그러자 이를 근거로 "개발은 생태계를 파괴한다"고 주장하며 무조건 강 개발을 금지해야 한다는 목소리가 높아졌습니다.

4대강 사업의 중요한 작업은 '보'와 '준설'이었습니다. 보는 시골에서 농경지에 물을 대려고 하천을 가로막은, 흔히 볼 수 있는 작은 콘크리트 구조물을 말합니다. 보는 강물을 일정한 수위 이상으로 유지시켜 줍니다. 평소에는 풍부한 물을 확보하고, 홍수 때는 수문을 열어 피해를 막을 수 있지요. 그리고 준설은 바닥을 파서 강을 깊게

© Save 4 Major Rivers

구미 해평습지 모래톱 준설 현장

하는 것을 말합니다. 높아진 수위만큼 물이 더 밑으로 흐르게 하는 것이지요. 보를 세워 강에 물이 더 많이 담기게 하고 준설을 통해 물의 양은 유지하면서도 범람을 피할 수 있게 되면 가뭄과 홍수에 효과적으로 대비할 수 있습니다.

2018년 국토교통부는 4대강 사업으로 연간 수요량 8억 6,000만 세제곱미터를 웃도는 11억 7,000만 세제곱미터(저수량 기준)를 확보해 안정적인 수자원을 확보했으며, 홍수 위험도도 줄었고 원거리 가뭄에도 효과적으로 대처할 수 있게 되었다고 발표했습니다. 물론 불필요한 대규모 공사로 예산을 낭비하고 심각한 녹조 문제를 일으켰지만, 이 시설들을 제대로 보수하고 활용하면 물 부족 문제를 해결할 수 있을 것입니다. 4대강 사업이 비판을 받은 것은 2년이라는 짧은 시간에 무리하게 강을 파헤쳤기 때문입니다. 그러나 그렇다고 강을 정비하고 개발하는 것을 멈추어서는 안 됩니다. 시간을 들여 체계적으로 개발한다면 오히려 강을 보호하고 재해를 막을 수 있으며 우리 삶에 큰 보탬이 될 수 있습니다.

문명과 함께 시작된 강 개발의 역사

인류의 긴 역사 속에서 하천 개발은 문명 발달을 위한 기반이었습니다. 티그리스 강과 유프라테스 강 주변에 남아 있는 운하, 제방과 관개농업■ 흔적을 비롯하여 중국 수양제의 운하 개발, 우리나라 최초의 수리 시설인 김제의 벽골제 등 역사적인 치수 사례는 무수히 많습니다. 이처럼 예로부터 물을 다스리는 '치수'는 국가 경영의 기본이었습니다. 그리고 드디어 20세기 미국에서 지구의 하천이 겪게 될 엄청난 변화가 시작되었습니다. 대공황을 극복하기 위한 뉴딜정책의 일환으로 시작된 테네시 강 유역 개발 사업이 바로 그것입니다. 미국의 토목 기술자들은 관개와 홍수 조절, 수력발전, 상수 공급을 목적으로 26개나 되는 댐과 저수지를 건설하였습니다. 또 배가 드나들 수 있도록 강바닥을 파내고, 홍수 때 범람한 물을 가둘 수 있도록 제방을 쌓았습니다. 이 사업으로 많은 사람들이 일자리를 얻었고, 미국은 대공황을 벗어날 수 있었습니다. 대규모 하천 관리를 통해 경제와 사회 발전의 기반을 마련하는 새로운 수자원 개발의 역사가 시작된 것입니다. 미국이 이러한 경험과 기술을 해외에 제공하면서 세계 각국은 같은 방법으로 하천을 개조해 관리하고 통제하기 시작했습니다.

우리나라 역시 마찬가지입니다. 1966년 '특정다목적댐법■'이 제

■ **관개농업**
작물의 생육에 필요한 물과 알맞은 토양 환경을 만들기 위해 필요한 물을 인공적으로 농지에 공급해 주는 일.

■ **특정다목적댐법**
수력발전, 홍수 조절, 농업용수 또는 공업용수 공급 등의 여러 목적을 겸하는 다목적댐의 건설을 촉진하기 위해 만들어진 법률. 1999년 '댐 건설 및 주변 지역 지원 등에 관한 법률' 제정으로 폐지되었다.

■ **한국수자원공사**
댐, 하천 개발 등 수자원 개발 사업, 수도 시설의 운영과 관리, 물의 안정적인 공급, 간척지 매립 등을 수행하고 있는 공기업.

정되고 1967년 한국수자원공사■가 설립된 후, 1965년 섬진강댐을 시작으로 2006년 완공된 장흥댐까지 전국의 댐과 저수지는 1만 8,000여 개에 이르고, 높이 15미터 이상의 대형 댐도 1,200여 개에 달합니다. 댐 개수는 세계에서 일곱 번째로 많지만 국토 면적당 댐 밀도는 세계 1위를 차지하고 있지요. 이렇게 축적된 하천 개발 기술을 이용해 물 문제에 적극 대처할 필요가 있습니다. 무엇보다 하천 개발 사업은 수도권 이외 지역의 경제 발전을 위해서라도 꼭 필요한 정책이라고 할 수 있습니다.

강을 잘 다스리면 풍요가 돌아온다

■ **한강 개발 종합 사업**
1980년대 한강을 종합적이고 다목적으로 이용·개발하기 위한 사업. 치수 기능 확대, 휴식 공간 확보, 올림픽대로 건설, 분류하수관로와 하수처리장 건설, 레저·스포츠시설 등이 해당된다.

■ **새만금 간척 사업**
만경강과 동진강 하구의 갯벌을 방조제로 막아 전라북도 군산, 김제, 부안군 일원에 조성된 다목적 용지 확보 사업. 환경오염 문제가 제기되어 공사가 중지되기도 했으나 19년의 공사 기간을 거쳐 2010년 준공됨. 새만금 방조제는 세계 최장 방조제로, 여의도 면적의 140배에 이르는 간척지가 조성되었다.

하천 개발은 물 확보, 홍수 대비 등 물 문제의 해결뿐만 아니라 수변 환경을 개선해 사람들이 다시 찾고 싶고 살고 싶은 환경을 만들어 냅니다. 새로 정비되는 강변 공간을 활용해 공공 기관이나 박물관, 미술관 등을 지으면 독일 레이노하펜의 크레인하우스처럼 지역의 명소가 될 수 있습니다.

1980년대 한강 개발 종합 사업■으로 한강의 백사장은 사라졌지만 대신 한강변 둔치에 각종 운동 시설과 자전거도로, 수영장 등 시민들이 즐길 수 있는 공간은 오히려 늘어났습니다. 서울 도심의 청계천 복구 역시 시민들에게 휴식처를 제공해 주고 주변 상권을 활성화시켰습니다. 이처럼 하천 개발은 친수 공간을 늘려 주고 강변 문화를 활성화시킴으로써 국민들의 생활 수준을 한 차원 높여 줍니다. 논란이 많았던 새만금 간척 사업■을 예로 들어 볼까요? 20여 년에 걸친 개발 과정 중 환경 문제에 대한 정부와 시민의 관심이 높아지고 갯벌의 가치가 새롭게 조명되는 등 우여곡절이 많았습니다. 그러

독일 쾰른 시 레이노하펜 지역에 들어선 크레인하우스

나 막상 방조제가 준공된 후 사람들의 반응은 어땠나요? 새로 생긴 땅에 관광 및 여가를 즐길 수 있는 문화시설이 들어서면서 지역 경제가 발전했고, 자전거 길뿐만 아니라 산책로를 새로 꾸미고 다양하고 아름다운 생태 공원과 레포츠 시설이 들어서면서 지역 주민들의 삶의 질도 올라갔지요.

'수자원'이라는 말이 있습니다. 물도 석유, 토지, 광물처럼 인류의 자원이라는 의미에서 나온 말로, 경제학적 용어인 '자원'이라는 말을 물에 적용한 것이지요. 게다가 지구촌의 물 부족 현상은 이제 물이 더이상 재생 가능한 무한 자원이 아니라는 사실을 보여 줍니다. 석유가 블랙 골드라 불렸듯 이제는 물도 블루 골드라고 불리고 있습니다. 안전하고 효율적으로 물을 관리하고 강을 다스리는 일에 많은 투자를 해야 하는 이유입니다.

강을 잘 다스리면 우리에게 많은 이익이 돌아옵니다. 일부에서는 생태계 파괴와 수질 악화 등을 이유로 반대하고 있지만 그것은 우리가 가진 하천 개발 기술력을 과소평가하거나 오랜 역사를 통해 증명된 인간의 치수 활동을 부정하는 몰지각한 처사라고 할 수 있습니다. 더구나 21세기는 기후변화로 시시각각 달라지는 자연환경에 능동적으로 대처해야만 우리의 생존과 자연과의 공생을 보장할 수 있습니다.

아니야,
자연의 생명줄에
함부로 손댈 수는 없어

물은 생태계와 더불어 순환한다

물의 순환은 시작과 끝이 없습니다. 태양이 물을 데우면 물은 수증기가 되어 대기 중에 머무르다가 차가워지면 구름으로 응축됩니다. 구름 입자가 비나 눈으로 다시 지상에 떨어지면 일부는 만년설이나 빙하로 쌓였다가 녹아서 땅 위를 흐르거나 바로 땅이나 강으로 떨어져 바다로 흘러갑니다. 그러나 대개는 침투 과정을 통해 땅속 깊이 스며들어 지하수를 새로 보충합니다. 지하수는 땅의 틈새로 들어가 호수와 민물로 합쳐지고, 흘러나온 지하수는 지표수■와 합쳐져 다시 바다로 스며듭니다. 도시에서 도로를 내기 위해 토지를 절단하면 도로 비탈면에서 지하수가 스며 나와 지표수로 흐르다가 하천으로 흘러들어 가는 것을 볼 수 있습니다. 이러한 물의 순환은 바다, 빙하, 호수나 강처럼 지구상의 각 저수 영역에 머물며 생태계에 중요한 영

■ **지표수**
지표면 위를 흘러가는 물.

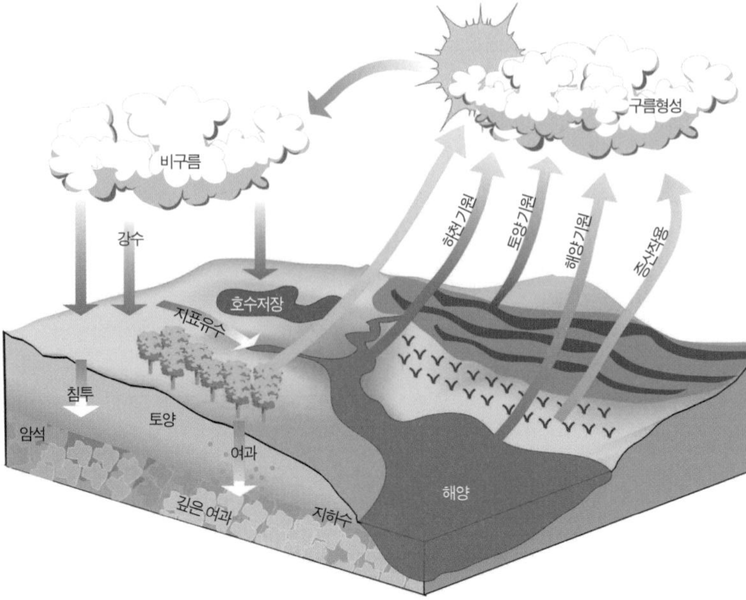

물은 토양, 대기, 해양을 오가며 끊임없이 지구를 순환한다.

향을 미칩니다.

여러분은 우리가 사용하는 물이 지구의 저수 영역에 얼마나 머무는지 알고 있나요? 물은 공기 중에서 9일, 흙 속에서 1~2개월 동안 머무릅니다. 강과 눈 속에는 2~6개월가량 머물고, 호수에는 50년에서 100년 동안 머물러 있지요. 빙하나 얕은 지하수 속에 수백 년을 머무르는 물은, 바닷속에서 3,000년이 넘는 시간을 보냅니다. 깊은 지하수 속 차갑고 순수한 물은 우리의 상상을 넘어 1만 년이 넘는 긴 시간 동안 저장된 물입니다. 이처럼 우리가 사용하는 깨끗한 물은 지구의 각 저수 영역에서 며칠 혹은 수만 년에 걸친 긴 시간 동안 머물고 순환하여 공급되는 것임을 기억할 필요가 있습니다. 이것은 시공간적으로 인간이 통제할 수 있는 영역을 넘어선, 전 지구적

"물은 새로운 생명과 움직임을 끊임없이 공중에서 받아들이고 있다. 물은 땅과 하늘의 중간이다. 땅에서는 풀과 나무만이 나부끼지만, 물은 바람이 불면 몸소 잔물결을 일으킨다."
– 헨리 데이비드 소로, 『월든』에서

인 차원의 경이롭고 장엄한 일이라고 할 수 있습니다.

지구에서 저수 영역은 단순히 물을 담아 놓는 그릇이 아니라 크고 작은 생물들의 서식처이며, 물질과 에너지가 순환하는 장소로 이해해야 합니다. 강변에서 나뭇잎과 같은 1밀리미터 이상의 큰 입자 유기물이 물에 유입되면, 하류로 이동하면서 미생물이나 수서곤충에 의해 0.45마이크로미터에서 1밀리미터 사이의 작은 입자 유기물로 분해됩니다. 이 작은 입자 유기물과 분해 과정에 관여한 박테리아■나 플랑크톤■ 같은 미생물, 그리고 작은 수서곤충들은 다시 큰 수서곤충이나 어류의 중요한 먹이가 됩니다. 유입된 유기물의 크기가 작아짐에 따라 하천 생태계 내에서는 물질과 에너지 흐름이 이루어집니다. 또 강은 개방되어 있으므로 강물 속의 질소(N), 인(P), 황(S) 등의 영양염류■ 역시 끊임없이 물과 육지와 대기 사이를 오가며 순환합니다. 영양염류 순환의 첫 단계는 대기 중의 원소들이 식물에 흡수, 동화되는 것입니다. 이 식물을 동물이 섭취하고, 동물이 죽어 분해되면 다시 영양염류의 형태로 하천을 따라 이동하거나 바닥에 흡착되거나 다시 대기 중으로 빠져나가 순환하게 되는 것이지요. 이처럼 강에서는 물만 흐르는 것이 아니라 상류에서 하류까지 육지와 대기 사이를 오가는 영양염류의 순환이 끊임없이 되풀이됩니다.

■ **박테리아**
세균. 단순분열에 의해 증식하며 현미경 하에서만 관찰할 수 있는 단세포미생물.

■ **플랑크톤**
해양, 호수, 늪, 하천 등에 서식하며 유영력은 없거나 있어도 작기 때문에 물의 흐름에 역행하여 자기 위치를 유지할 수 없는 부유생물.

■ **영양염류**
규소, 인, 질소 등 물 속에 녹아 있는 여러 가지 염류를 총칭하며 육지 논밭의 비료와 같은 역할을 한다. 식물성 플랑크톤의 생산량을 좌우한다.

강을 위협하는 토목공사

인간은 하천을 다스리기 위해 저수지, 보, 댐, 제방, 운하, 준설 등 다양한 형태의 토목공사를 끊임없이 벌여 왔습니다. 그러나 대부분의 토목공사는 물을 안전하고 효율적으로 관리하기는커녕 인간과 하천 생태계 모두에게 큰 위협이 되고 있습니다. 우선 댐이나 보와

■ **페놀**
무색 결정에 향긋한 냄새가 나는 방향족 화합물. 물에 잘 녹으며 소화기, 호흡, 피부 접촉 등을 통해 인체에 흡수될 경우 심각한 장애나 사망에 이름. 2차 세계대전 시 대량 살상무기로 사용된 바 있음.

같은 인공 구조물은 물의 순환을 방해하여 안전한 물 공급을 위협합니다. 영양염류, 미생물, 수서곤충, 어류로 이어지는 하천 생태계의 연속성을 끊어 버리기 때문입니다. 1991년과 2008년, 독극물인 '페놀■'이 낙동강에 유입되어 수돗물 공급이 중단되었던 사고를 기억하나요? 이런 돌발 상황이 일어나면 오염 물질을 하류로 빨리 내려보내야만 합니다. 하지만 댐이나 보가 물 흐름을 가로막으면 오염 통제가 쉽지 않습니다. 상류 댐에서 일시적으로 방류량을 늘린다 해도 한계가 있습니다. 4대강 사업으로 '녹조라떼'라는 오명을 얻었던 초록색 강을 떠올려 보세요.

흐르던 물이 정체되면 위협 요소가 많아집니다. 일반적인 생활하수조차 위협 요소가 되지요. 물의 대표적인 오염 물질로는 인(P)이 있습니다. 이것은 토양, 생물의 사체, 공장폐수, 생활하수 속 세제의 계면활성제 때문에 생깁니다. 또 다른 오염 물질로는 질소(N)가 있습니다. 질소는 생활하수, 사람과 가축의 분뇨, 사료 찌꺼기 때문에 발생합니다. 특히 질소는 단백질이 분해되면서 생기는데, 이로 인해 물고기의 성장이 둔화되고 아가미에 염증을 일으킬 수 있습니다. 물론 인과 질소 모두 하천 생태계에 필요한 영양염류입니다. 그러나 물이 정체되면 이런 영양염류가 물속에 너무 많이 퇴적되기 때문에 문제가 발생하는 것입니다. 물속에 영양 물질이 많아지면 플랑크톤

4대강 멸종 위기종
왼쪽부터 단양쑥부쟁이, 흰수마자, 재두루미, 얼룩새코미꾸리, 남생이, 흰목물떼새

과 조류가 급속히 성장합니다. 바로 물의 부영양화로 인한 녹조, 적조 현상이 일어나는 것이지요. 이들은 물속 산소를 빼앗아 어패류를 질식시키고, 사체와 분해물로 물을 심하게 오염시켜 버립니다. 한마디로 말해 고인 물은 썩게 되는 것입니다.

또한 야생 동식물의 생존도 위협을 받게 됩니다. 우리나라의 대표적 치수 사업인 4대강 사업은 사업 구간에 서식하는 68종의 법정 보호종■을 위기로 몰았습니다. 여기에는 조류가 45종, 양서류와 파충류 7종, 포유류와 어류 각 5종, 육상 곤충 3종, 육상 식물 2종, 무척추 동물 1종이 포함되어 있습니다. 이 중 가장 큰 영향을 받는 생물은 어류와 식물 류입니다. 왜냐하면 조류와 포유류는 다른 곳으로 서식지를 옮길 수 있지만, 어류는 강물을 벗어나면 살 수가 없고, 식물 류는 스스로 서식지를 바꾸는 게 불가능하기 때문입니다. 예를 들어 살펴볼까요? 4대강 사업의 생태계 논란에서 가장 뜨거운 화제가 되었던 생물은 멸종 위기종인 '단양쑥부쟁이'입니다. 우리나라에서만 자생하며, 그중에서도 4대강 공사 지역인 남한강변에서만 발견되기 때문에 서식지가 파괴될 경우 멸종 위기에 처하게 됩니다. 그래서 단양쑥부쟁이를 다른 지역에 이식했지요. 결과는 어땠을까요? 이식지는 훼손되고 쑥부쟁이꽃은 거의 사라져 강아지풀만 무성한 쑥대밭이 되었습니다. 단양쑥부쟁이는 척박한 땅에 처음 정착하

■ **법정 보호종**
환경부가 멸종 위기종, 감소추세종, 국내 특산종 및 희귀종 등에 해당하는 특정 야생 동식물을 법적으로 지정 · 고시한 생물종.

미호종개, 꾸구리, 묵납자루, 수달, 귀이빨대칭이, 표범장지뱀

ⓒ 연합뉴스

녹조로 뒤덮인 낙동강

는 식물인 개척자종으로, 다른 식물과의 경쟁에 매우 취약해 다른 곳에 옮겨 심으면 멸종에 이르기 때문이었지요. 멸종 위기 어류도 마찬가지였습니다. 이들 어류를 증식하고 복원할 계획을 세웠지만 대부분은 사람의 손이 한 번만 닿아도 죽어 버리는 예민한 종이 많아 쉽지 않았습니다. 이들을 방류하려면 물 흐름이 빠른 여울을 찾아야 하는데 보를 건설하게 되면 수심이나 유속이 많이 달라지므로 대체 서식지를 찾기가 힘들었습니다. 2018년 환경부와 국립환경과학원이 4대강 사업으로 보가 설치된 22곳을 조사한 결과 어류 86퍼센트가 사라졌다는 것이 확인되었지요. 이렇듯 하천 생태계에 대한 고려 없이 인간의 속도에 맞춘 치수 사업 속에서 생물종의 다양성■을 지키기는 매우 어렵습니다.

하천 관리의 또 다른 위협은 바로 준설입니다. 4대강 사업만 살펴보더라도 낙동강의 준설량을 고속도로에 비유해 보면 4차선 넓이와 아파트 3층 높이로, 서울에서 부산까지 가는 길이만큼 파내는 것과 같습니다. 이러한 준설은 과거 산업화 당시 강에 퇴적되었던 중금속, 농약, 환경호르몬 등의 유해 물질을 다시 끌어올려 심각한 수질 오염을 일으킬 수 있습니다.

이처럼 하천을 다스린다는 명분으로 시행되는 토목공사는 많은 문제점을 안고 있습니다. 그럼에도 사람들은 물 부족 문제를 근거로 강을 개발하자고 주장합니다. 하천 정비는 큰 강의 대규모 공사가 아니라 작은 규모의 지방 하천을 중심으로 생태계를 고려하여 매우 천천히, 조심스럽게 이루어져야 하는 것입니다.

■ **생물종의 다양성**
생물종, 생태계, 유전자를 보호하기 위해 1992년 리우회의에서 생물자원의 지속가능한 이용, 생물자원을 이용해 얻어지는 이익의 공정한 분배를 목적으로 생물 다양성 협약이 채택되었다.

자연 하천으로 돌아가기 위한 노력

최근 선진국을 중심으로 하천을 인공적으로 관리, 통제하는 대신 댐이나 제방 등을 철거하는 자연형 하천 복원이 활기를 띠고 있습니다. 우리나라에도 자연형 하천 복원 사례가 있습니다. 경기도 고양시 곡릉천의 곡릉보와 한탄강의 고탄보가 바로 그것입니다. 높이 1.5미터에 길이 75미터인 곡릉보는 철거 이전에 생물화학적 산소요구량■ 기준으로 3등급이던 수질이 철거 후 1B등급으로 개선되었습니다. 높이 2미터에 길이가 190미터인 고탄보 역시 철거 후 3등급에서 1B등급으로 개선되었고요. 하천 복원으로 오히려 더 안전한 물

■ **생물화학적 산소요구량**
물속에 있는 유기물의 오염 정도를 나타내는 지표로, 물속에 들어 있는 유기오염물질을 미생물이 분해하는 데 필요한 산소의 양을 말한다.

을 공급받게 된 것이지요.

하천 주변의 습지 또한 중요합니다. 강뿐만 아니라 하천 주변의 습지, 자연적 혹은 인공적인 물터, 홍수 때 범람하는 크고 작은 저지대 모두 잠재적으로 물을 저수할 수 있는 공간입니다. 이러한 잠재적 저수 공간을 '잠재범람습지'라고 합니다. 하천의 물이 넘치면서 자연스럽게 만들어진 하천 제방의 뒷면이나 옆면의 낮은 땅으로, 하천의 범람 강도와 빈도, 주변 지형과 지질 특성에 따라 그 규모나 생태적 특성이 매우 다양하게 나타납니다.

이러한 습지는 오염 물질을 여과하고 분해하여 수질을 보호하며, 언제나 물을 머금고 있어서 홍수와 가뭄을 완화합니다. 습지가 홍수 조절 기능을 담당하는 중요한 역할을 하는 것이지요. 때문에 잠재범람습지는 내셔널트러스트■의 공유재산 자원 대상이 되고 있으며 우리나라의 최대 잠재범람습지인 우포늪을 포함한 11개의 습지가 람사르 협약■에 의거해 람사르 습지로 지정되어 보호를 받고 있는 것입니다.

하천 생태계와 습지는 전 세계적으로 물 공급의 99퍼센트를 담당할 뿐 아니라 물고기, 물새, 홍합, 조개 등에게는 서식지를, 인간에게는 식량을 제공하고 있습니다. 그밖에도 자연의 아름다움을 통한 인간의 미적 가치를 높이고 수영, 낚시, 하이킹 등 다양한 여가 생활을 제공합니다. 따라서 최근에는 이러한 하천 생태계와 습지의 경제적 가치를 새롭게 인식하여 강을 직선화하고 하천변에 제방을 쌓는 하천 관리 방식보다 습지와 범람원을 최대한 보장하고 하천의 원래 형태를 보존하려 애쓰는 하천의 자연 복원화가 세계적인 추세입니다.

■ **내셔널트러스트**
영국에서 시작하여 전 세계에서 활성화된 자연보호와 사적 보존을 위한 비영리 민간단체.

■ **람사르 협약**
물새의 서식지로 국제적으로 중요한 습지를 보호하기 위해 각국의 협력으로 맺어진 국제습지조약.

현재와 미래 세대가 공유하는 강은 생명이 우선이다

현재 우리가 벌이고 있는 대규모 치수 사업이 생태계에 어떤 영향을 미칠지는 아무도 장담할 수 없습니다. 우리는 몇 년 후의 문제뿐 아니라 몇십 년 후의 문제도 고려해야 합니다. 현재의 과학기술이 가진 힘이 엄청나기 때문에 자칫 잘못하다가는 자연환경을 되돌릴 수 없는 지경으로 몰아갈 수 있기 때문입니다.

치수 사업으로 인한 대표적인 환경 재앙인 아랄 해의 사막화는 이를 잘 보여 줍니다. 아랄 해는 우즈베키스탄과 카자흐스탄 두 나라에 걸쳐 있는 세계에서 네 번째로 큰 소금 호수입니다. 그런데 20년 사이에 물이 줄어들면서 본래 면적의 10퍼센트로 작아졌습니다. 과거 소비에트연방이 목화밭의 농업용수 공급을 위해 아랄 해로 흘러들던 시르다리아 강과 아무다리아 강의 물길을 돌리면서 재앙은 시작되었습니다. 물이 줄어들자 그 영향은 엄청났습니다. 물의 염분

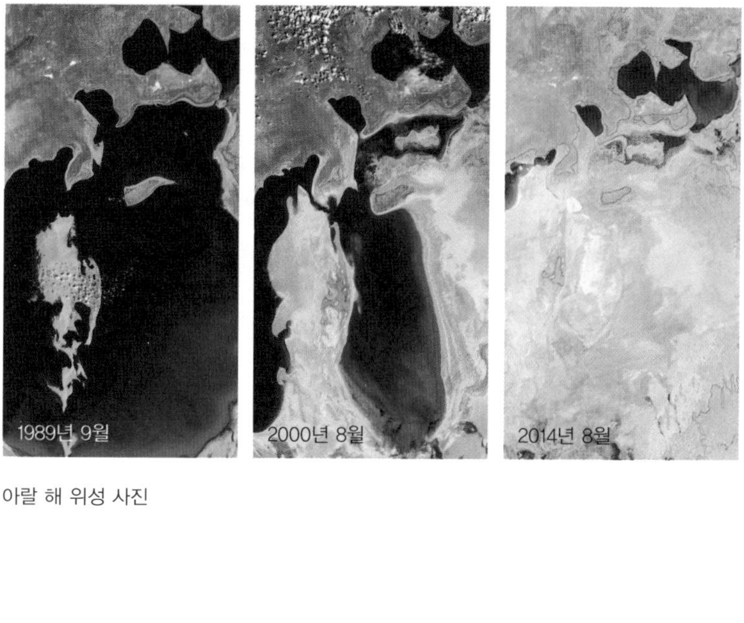

아랄 해 위성 사진

농도가 점점 진해져 식수는 고갈되었고 농약과 화학비료, 각종 폐기물들이 아랄 해 바닥에 쌓이면서 오염이 가속화되었습니다. 기관지염과 암을 비롯한 각종 질병이 사람들을 괴롭히고, 바람과 먼지폭풍은 매년 7,500만 톤의 독성 먼지와 소금을 중앙아시아 전역으로 날려 보내고 있습니다.

우리가 이런 힘을 남용해 강을 함부로 개발하고 하천 생태계를 파괴한다면 우리는 후손들에게 어떤 환경을 물려주게 될까요? 1993년 필리핀에서 '오포사 vs 팩토란■'으로 불리는 법정 사건이 있었습니다. 필리핀 어린이 43명의 대리인인 오포사 변호사가 필리핀 정부 환경부장관 팩토란을 상대로 숲 개발 중지를 요청한 사건입니다. 결국 필리핀 대법원은 오포사와 어린이들의 손을 들어 주었습니다.

■ **오포사 vs 팩토란 사건** 환경 보호론자이자 시민 운동가인 안토니오 오포사 변호사를 원고로, 필리핀 팩토란 환경부 장관을 피고로 1993년 필리핀에서 벌어진 법정 사건.

> 정부의 환경보호를 청원한 아이들은 그들의 세대와 아직 태어나지는 않았지만 미래 세대를 대표하고 있다. 이들은 조화롭고 건강한 생태 환경을 요구하는 것이 현세대의 의무라고 주장하고 있다. 대법원은 이들의 주장이 타당하며, 모든 세대가 조화롭고 건강한 생태 환경을 보호할 의무가 있다고 판단한다.

위 판결문처럼, 자연에 대한 권리는 현재 세대에만 국한되지 않습니다. 하천을 다스린다는 명분으로 강과 그 강을 둘러싼 생태계를 훼손할 권리가 우리에게는 없습니다. 우리에겐 미래에 대한 책임이 있으며, 강은 현재에서 미래 세대로 이어지는 자연의 생명줄이기 때문입니다.

입장 정하기

● 두 글에서 주장의 근거로 제시한 내용을 각각 요약해 봅시다.

● 다음 쟁점에 대하여 자신의 입장을 정하고 근거를 제시해 봅시다.

쟁점1 물 부족 문제를 해결하기 위해 댐이나 보를 설치해야 한다.

	그렇다	아니다
근거		

쟁점2 강을 개발할 때 인간의 필요가 가장 우선시되어야 한다.

	그렇다	아니다
근거		

쟁점3 체계적인 강 관리를 통해 경제와 사회 발전의 기반을 마련할 수 있다.

	그렇다	아니다
근거		

● 자신이 200년 후의 미래 후손이라고 가정하고, 조상들에게 강을 어떻게 개발하고 이용해야 하는가에 관한 내용을 담아 편지를 써 봅시다.

나도 할 말 있어요!

미래 세대의 환경권

체르노빌 원자력발전소의 폭발 사고는 지금으로부터 25년 전의 일이지만 그곳 사람들은 아직도 질병과 기형아 출산에 시달리고 있으며, 그 고통의 끝은 아무도 모릅니다. 이렇듯 환경 문제는 현재를 넘어 미래 세대까지 괴롭히지요. 우리는 지금 과거와 미래를 잇는 현재라는 경계선에 서 있습니다. 과거를 거울삼아 미래를 위해 무엇을 어떻게 해야 할까요? 미래에서 온 편지가 그 답을 말해 줍니다.

미래 세대의 권리를 침해해선 안 된다

미래 세대는 지금 우리들처럼 손상되지 않은 환경에서 살 권리를 갖고 있습니다. 더 나은 세상을 물려주기는커녕 오염되고 훼손된 환경을 물려준다면, 이는 미래 세대의 권리를 침해하는 일입니다. 현 세대가 향유하고 있는 자연 자원은 바로 '미래 세대로부터 잠시 빌린 재산'이기 때문입니다. 1987년 세계환경개발위원회(WECD)는 '지속가능한 개발'을 "미래 세대가 그들의 필요를 충족시킬 능력을 저해하지 않은 범위 내에서 현 세대의 필요를 충족시키는 것"이라고 정의했습니다. 1992년 유엔 환경개발회의는 이를 뒷받침하는 행동 원칙을 담은 '리우선언'을 채택했고, 2002년 지속가능발전지구정상회의는 구체적인 실행 계획을 검토했습니다. 미래 세대의 환경권이 선언으로 끝나지 않고 실질적인 힘을 가지기 위해선 더 많은 노력이 필요합니다. 필리핀 어린이 43명은 숲 개발 중지를 요청하며 환경 소송을 했습니다. 필리핀 법원이 이들 미래 세대의 환경권을 인정해 주자, 92개의 벌목 회사는 12개로 줄어들어 아이들은 자신들의 미래를 되찾을 수 있었습니다. 그러나 2000년, 우리나라 어린이들이 원고가 되어 새만금 간척 사업 중단을 요청하는 미래 세대 환경 소송을 냈지만 대한민국 법원은 미래 세대의 환경권을 인정하지 않았습니다. 갯벌이 사라지면서 생태계와 지역 공동체가 파괴되었고, 이와 함께 미래 세대의 권리도 파괴되어 버린 것이지요.

미래 세대로부터 온 한 통의 편지

미래학을 연구하는 앨런 터프 교수는 대학생들이 자신을 200년 후에 태어날 미래 세대라고 간주하고 이들이 현 세대인 우리에게 무엇을 요구할지 상상해 보도록 했습니다. 그리고 이들의 상상을 종합해 우리가 소중히 간직해야 할 한 통의 편지를 작성했습니다. 바로 미래 세대로부터 온 편지입니다.

"여러분의 미래 세대가 반가운 마음으로 인사합니다. 안녕하세요? 저는 2200년 세대를 대표하며, 우리의 이야기에 귀기울여 준 선배님들께 감사의 마음을 전합니다. 죄송하지만, 우리 세대는 선배들께 반가운 마음만 있는 것은 아닙니다. 무분별한 개발과 이기적인 소비 행태로 지금의 지구는 몸살을 앓고 있습니다. 아주 위험한 상태입니다. 선배들의 처지뿐 아니라 우리의 처지도 헤아려 주십시오. 우리 삶의 욕구와 행복할 권리는 선배들의 삶의 욕구와 행복할 권리와 똑같습니다. 미래 세대를 위한 행동에 적극 나서 주십시오. 지구를 이렇게 망가뜨린 선배들이 원망스럽고 이런 환경에서 살고 있는 우리들이 비참하게 느껴질 때가 한두 번이 아닙니다. 여러분이 편안하고 풍요로운 삶을 추구한다는 목적으로 마구 파헤친 지구에서 우리가 고통을 겪고 있음을 기억해 주십시오. 2200년에 사는 우리의 삶은 우주에 대한 깊은 이해, 자연과의 조화, 인간 능력의 최대화에 목적이 있습니다. 우리의 욕구를 부디 이해해 주십시오. 비록 여러분과 우리는 200여 년이라는 시간으로 떨어져 있지만, 우리의 삶은 여러분과 연결돼 있습니다. 평화, 안전, 환경, 아이들을 위한 정책을 개발해 주십시오. 많은 선배가 우리의 이익을 보호하려고 노력하고 있다는 점에 감사드립니다. 부디 분발하셔서 아름다운 지구를 위해 서로 노력하는 우리가 됐으면 합니다. 그럼 안녕히 계세요."

4 바이러스

그래,

바이러스의 습격은

과학기술로

극복할 수 있어

아니야,

백신과 치료제만으로는

질병을 막을 수 없어

신종 플루는 2009년 수천 명의 사망자를 내며 전 세계를 휩쓸었고 우리나라에도 예외 없이 상륙하여 2010년 1월까지 170여 명의 사망자를 발생시켰습니다. 신종 플루 확산을 막기 위해 행사와 축제가 취소되고 학교마저 휴교를 하는 가운데 뉴스는 연일 신종 플루 감염자 수, 사망자 수를 집계해 보도했습니다. 당연히 국민들은 감염의 공포 속에서 하루하루를 보냈지요. 2015년에는 메르스로 불리는 중동호흡기증후군이 한반도를 강타했습니다. 정부가 초기에 사태의 심각성을 인식하지 못하고 확진 환자가 발생한 병원 정보를 쉬쉬하면서 메르스는 전국적으로 퍼져나갔습니다. 국민들에게는 메르스 예방을 위해 '낙타와 접촉하거나 낙타 고기를 먹지 말라'는 등 말도 안 되는 예방법을 홍보하고, 중동에는 가보지도 못한 한국에서 태어나거나 호주 등에서 들여온 동물원의 낙타를 격리시키는 등 웃지 못할 대응책을 내놓았습니다. 그동안 186명이 감염되었고, 그중 38명이 목숨을 잃으면서 전 국민을 공포에 몰아넣었습니다. 두 달 동안의 경제 피해액만 10조원에 달했고, 의료강국이라고 믿었던 우리나라가 사우디아라비아에 이어 메르스 발병 2위 국가라는 오명을 쓰게 되었습니다. 또 환자를 격리하는 과정에서 암을 앓고 있던 환자가 적절한 항암치료를 받지 못해 숨지는 안타까운 일도 있었습니다. 국민들은 우리나라의 전염병 관리와 대응에 실망을 넘어 분노하였고, 정부는 신뢰를 잃었습니다. 이뿐만이 아닙니다. 해마다 수백만, 수천 만 마리의 소와 돼지, 닭과 오리가 구제역과 조류 독감 바이러스에 의해, 혹은 바이러스 전파 방지를 위한 살처분 정책에 의해 죽임을 당하고 있습니다. 한반도가 각종 바이러스로 인해 열병을 앓고 있는 것이지요. 더욱 철저한 개인 위생과 적극적인 백신 및 치료제의 개발로 질병을 극복하자는 주장이 힘을 얻는 한편, 생태계 파괴와 공장식 축산업이 신종 바이러스 질병을 재생산하고 있다는 사실을 지적하며 이윤만을 추구하는 자본주의적 삶의 방식에 대한 근본적인 성찰을 요구하는 목소리 또한 점점 높아지고 있습니다.

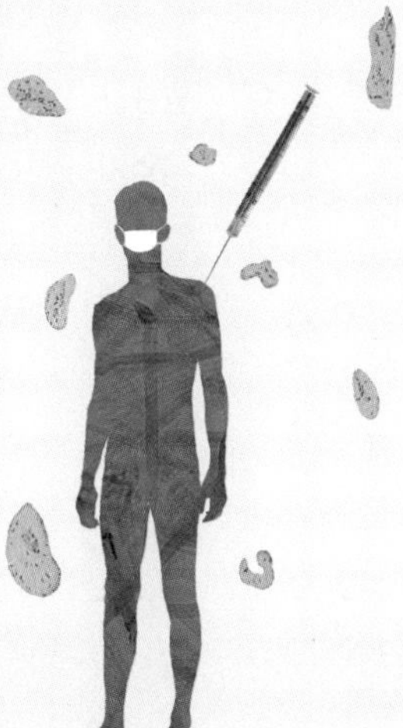

생각 열기

● 이야기 하나

아프리카 자이르의 열대우림 지역에서 갑자기 의문의 출혈열이 발생하여 사람들이 죽어간다. 주인공은 잠복기가 짧고 스스로를 빠르게 복제하여 치사율 100퍼센트인, 감염되면 내장이 녹아내리는 무시무시한 모타바 바이러스를 발견한다. 감염된 숙주 원숭이가 밀거래를 통해 외부로 유출되면서 바이러스는 애인과의 키스, 사소한 접촉과 의료진의 실수 등으로 북캘리포니아의 작은 마을 전체로 퍼져 나가 많은 사람들이 죽어간다. 이미 이 바이러스를 생화학 무기로 개발해 온 군부는 마을과 사람들을 한꺼번에 폭파시키려 하지만, 주인공은 가까스로 숙주 원숭이를 찾아내 치료제를 만들어 폭격을 막고 사람들을 구해 낸다. 영화 〈아웃브레이크〉의 줄거리이다.

● 이야기 둘

2003년 세계보건기구 베이징 사무소는 광저우에서 '이상한 전염병으로 불과 일주일 만에 100여 명 이상이 사망했다'는 이메일을 받는다. 얼마 후 이 전염병 환자들을 돌보던 광저우의 한 의사가 친지 결혼식 참석을 위해 홍콩으로 날아가 메트로폴 호텔 9층에 투숙하던 중 폐렴으로 사망했다. 그리고 같은 층에 투숙하던 16명에게 이 바이러스가 전염된다. 메트로폴 호텔에 머물던 사업가 부부를 따라 캐나다로 이동한 바이러스는 토론토 전역으로 퍼져 나가 247명을 감염시켰고, 이 중 44명이 죽었으며 2만 3,000명이 격리되었다. 친구를 만나러 호텔에 갔던 스물여섯 살 공항 직원은 자기도 모르는 사이에 여기저기 바이러스를 옮겼고, 그를 치료한 병원의 직원 중 8퍼센트가 급성폐렴으로 쇼크를 일으켰다. 이 바이러스에 감염된 쉰여덟 살의 타이베이 여 세계보건기구는 향후 미래 인류의 생존을 위협하는 3대 요소가 식량 부족, 기후변화, 그리고 전염병 유행이라고 이야기합니다. 인간은 의학과 과학의 발달로 전염병을 다스릴 수 있으리라 믿었지만, 바이러스는 백신과 치료제가 듣지 않는 새로운 변종으로 세대교체를 거듭하면서 인간을 괴롭힙니다. 게다가 전 세계적인 무역과 관광산업이 발달하면서 사람들의 이동을 통해 바이러스가 전 세계로 전파되고 있지요. 어쩌면 바이러스가 인간의 제어를 넘어서게 되는 것은 아닐까요? 다음 이야기를 읽으며 생각해 봅시다.

행객은 병원 세탁소 직원이었는데, 설사와 폐렴을 꾹 참으면서 헌신적으로 일한 덕분에 137명이 바이러스에 감염되었고, 그와 접촉한 1만여 명의 사람들이 격리되었다. 이처럼 순식간에 전 세계 28개국으로 확산되어 감염 환자 8,000여 명, 사망자 770명을 발생시킨 이 바이러스의 정체는 바로 코로나 바이러스, 이 질병의 이름은 사스(SARS)이다. 코로나 바이러스는 밀림 박쥐에서 사향고양이와 너구리를 거쳐 인간에게로 옮아왔는데, 불법적인 야생동물 거래와 이를 보양식으로 섭취한 사람들을 통해 독성이 전파되기 시작한 것이었다. 이 이야기는 영화가 아닌 실화이다.

● 이야기 셋

2004년 10월 태국의 한 밀수업자가 티베트산 꼬마부채독수리 두 마리를 헝겊에 둘둘 말아 버드나무로 만든 통에 넣어 수하물 가방에 숨긴 다음, 브뤼셀행 여객기에 탑승했다. 이 비행기에는 독수리 운반자 외에 128명의 여행객이 타고 있었다. 밀수업자는 희귀한 새를 구해 달라는 벨기에의 매 사냥꾼에게 새를 배달하러 안트베르펜으로 가는 중이었다. 그런데 이 불법 화물이 브뤼셀 자벤템 공항의 마약 탐지 과정에서 발견되었다. 그해 들어서만 벌써 태국의 닭 수백만 마리와 동물원에 살던 호랑이 83마리가 조류 독감에 걸려 죽은 데다, 32명의 농부와 양계장 노동자가 조류 독감에 걸려 사망했기 때문에 전 세계가 공포에 떨고 있었다. 세관 직원이 독수리를 검사하자 고병원성 조류 독감 바이러스가 발견되었고 세관은 검역 시설에 있던 700마리의 앵무새와 카나리아를 모두 살처분한 뒤 사람들을 격리시켰으며, 독수리를 검사한 수의사가 독감 증세를 보이자 그와 그의 가족이 격리되어 항바이러스제 처방을 받았다. 다행히 조류 독감은 더 이상 유럽으로 번지지 않았다.

그래, 바이러스의 습격은 과학기술로 극복할 수 있어

세계를 놀라게 한 새로운 전염병들

'열이 나고 기침이 나온다. 얼굴과 손발이 점점 검게 변하면서 호흡이 가빠지고 기침에 피가 섞여 나온다. 그리고 일주일 만에 사망한다.' 이것은 1918년에 전 세계를 악몽 속에 몰아넣었던 스페인 독감 증상입니다. 스페인 독감으로 인한 사망자 수는 정확히 집계되지는 않았지만 4,000만 명에서 1억 명에 이르는 것으로 추정됩니다. 이는 14세기 중세 유럽 인구 3분의 1 이상을 죽음으로 몰아갔던 페스트■보다 2배 이상이나 많은 수치이고, 제1차 세계대전의 사망자 수보다도 많습니다. 1997년 미국의 연구진은 알래스카의 영구 동토층에 묻혀 있던 여자의 폐에서 스페인 독감을 일으킨 원인균을 찾아냈는데, 다름 아닌 조류 인플루엔자가 변형을 일으킨 바이러스였다고 합니다.

■ **페스트**
흑사병. 페스트균의 감염으로 발생하는 급성발열성 전염병. 쥐와 같은 설치류의 유행병인데 벼룩, 이, 빈대를 매개로 사람에게 감염된다. 1346년부터 7년간 유럽 전체를 휩쓸어 2,500만 명이 사망했다.

그런데 2009년 봄, 스페인 독감의 악몽이 다시 되살아났습니다. 스페인 독감과 유형은 같지만 유전적으로 완전히 새로운 인플루엔자에 감염된 사람들이 사망하기 시작한 것입니다. 바로 신종 플루입니다. 2009년 4월에 멕시코 접경지대인 미국 캘리포니아의 샌디에이고에 사는 10세 소년이 최초의 감염자로 확인된 이후, 신종 플루는 멕시코에서 80여 명의 사망자를 내고 전 세계로 퍼져 나가면서 수많은 사람을 감염시키고 목숨을 앗아갔습니다. 이에 세계보건기구는 '21세기 최초의 인플루엔자 판데믹■'을 선포하였지요. 다행히 신종 플루의 치사율은 계절 독감이나 이전에 유행한 조류 독감과 비교할 때 그렇게까지 높지 않았습니다. 그러나 신종 플루는 기존의 인플루엔자와 비교할 때 여러 위험한 특성을 지니고 있었습니다. 그대로 방치했다면 인류에게 커다란 위협이 되었을지도 모릅니다.

■ **판데믹**pandemic
그리스어로 pan은 모두, demic은 사람이라는 뜻. 전염병의 세계적인 대유행을 일컫는다. 역사적으로 악명 높았던 판데믹은 중세의 흑사병, 1918년의 스페인 독감, 1957년 아시아 독감, 1968년의 홍콩 독감이 있다. 2009년 세계보건기구는 신종 플루를 판데믹으로 선언했다.

2014년에는 에볼라 바이러스가 전 세계를 다시금 공포로 몰아넣었습니다. 서아프리카 3개국에서 5개월 만에 1,300여 명이 에볼라 바이러스에 감염되었고, 이 중 729명이 사망했습니다. 바이러스는 비행기를 타고 유럽과 미국, 아시아까지 빠르게 확산되었지요. 세계무역기구(WTO)의 통계에 의하면 2015년 11월까지 2만 8,637명이 감염되어 이 중에 1만 1,314명이 사망하였다고 합니다. 이렇듯 에볼라의 무자비한 공격이 한창이던 2015년, 지구 한 편에서는 메르스라 불리는 중동호흡기증후군이 전파되었습니다.

아놀드 뵈클린, 〈페스트〉, 1898

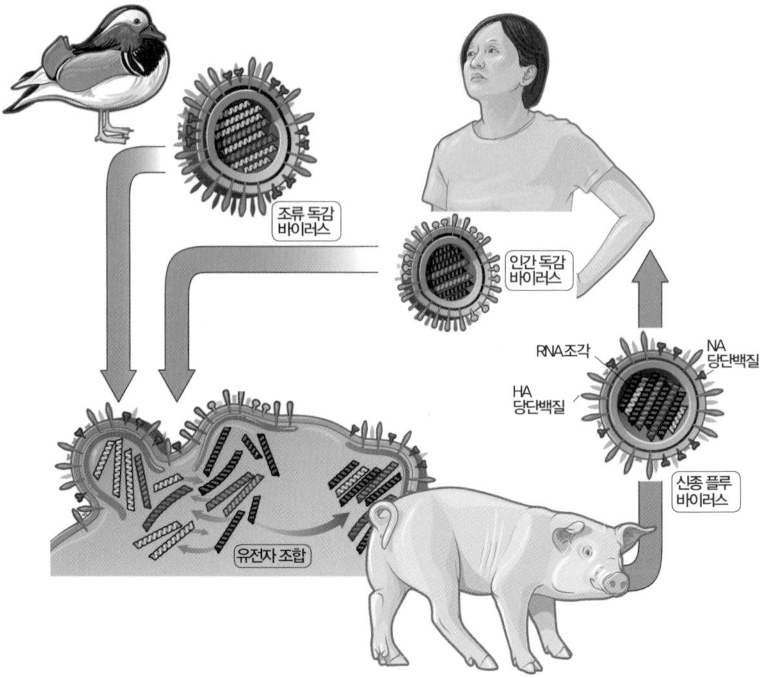

출처 : 미국 국립 알러지 및 전염병 연구소(NIAID)

신종 플루는 돼지의 몸속에서 인간 독감 바이러스와 조류 독감 바이러스, 그리고 돼지 독감 바이러스의 유전자 조각이 고루 섞여 탄생했다.

그해 우리나라에서만 186명의 환자가 발생했고, 이 중에 38명이 사망했습니다. 2015년 한반도를 충격과 공포에 몰아넣었던 메르스는 첫 환자가 발생한 이후 약 7개월 만인 12월 24일에 공식적으로 종료 선언되었습니다. 2016에는 임산부가 감염되었을 때 머리가 비정상적으로 작은 소두증의 아기를 출산하는 것으로 알려진 지카 바이러스가 세상을 뒤흔들었습니다. 우리는 인류의 생존을 위협하는 무시무시한 바이러스성 전염병이 해마다 새롭게 유행하는 참혹한 세계에 살고 있는 것입니다.

바이러스성 질병의 위험

바이러스가 일으키는 전염병을 이해하려면 독감에서 출발하면 됩니다. 흔히 독감이라고 부르는 인플루엔자는 바이러스에 의한 급성 호흡기 감염증을 말합니다. 이 인플루엔자 바이러스는 유전자 구성이 변하는 변이가 매우 잘 일어납니다. 그래서 매년 그 변이를 예측하여 백신■을 만들어서 독감 예방접종을 하고 있지요. 그런데 유전자 구성이 크게 변하는 대변이가 일어나면 기존의 바이러스에 의해 인체에 생긴 면역 체계로는 방어할 수가 없게 됩니다. 이런 신종 바이러스가 인간 대 인간으로 전염■되기 시작하면 전체 인구의 30퍼센트 이상이 감염되고, 사망률도 예측하기 어려운 상태가 되어 전 세계적으로 퍼져나가서 판데믹이 되는 것이지요.

이처럼 인간을 위협하는 바이러스의 정체는 무엇일까요? 도대체 어떤 특성을 갖고 있기에 자꾸만 변종을 만들어 내는 것일까요? 과학자들은 바이러스를 생물과 무생물의 중간형이라고 부릅니다. 왜냐하면 바이러스는 유전물질인 핵산■과 단백질 껍질로 이루어진 간단한 구조로 되어 있는데, 생물체 밖에서는 단순한 단백질 결정체에 불과해 먼지나 다름없기 때문입니다. 바이러스는 숙주■세포 밖에서는 호흡과 같은 기본적인 물질대사도 하지 않고 스스로 증식할 수도 없습니다. 그런데 일단 숙주세포 속에 들어가면 숙주세포의 물질과 에너지를 이용하여 자신과 같은 바이러스를 많이 만들어내고, 이렇게 증식을 마치면 숙주세포를 뚫고 나와 다른 숙주세포를 찾아 들어가 또다시 증식하는 과정을 반복하는 것입니다. 그리고 이 과정에서 숙주세포를 파괴하고 손상을 입히지요.

바이러스는 유전물질로 DNA나 RNA를 갖고 있는데, 인플루엔자

■ **백신**
인공적인 면역을 얻기 위해 쓰이는 항원. 약화시킨 미생물이나 바이러스로 만든 백신을 접종하면 미리 항체를 만들어 실제 감염 시 효과적으로 이겨 낼 수 있다.

■ **인간 대 인간 전염**
WHO의 전염병 단계를 나누는 기준. 1단계는 동물 간 간염, 2단계는 동물 바이러스의 인간 전염, 3단계는 산발적인 동물 대 인간 감염, 4단계는 지역단위의 인간 대 인간 감염, 5단계는 인간 대 인간 감염의 확산, 6단계는 판데믹이다.

■ **핵산**
염기와 당, 인산으로 이루어진 사슬 모양의 고분자 물질. 당의 종류에 따라 DNA와 RNA로 나뉘며 생존, 유전, 번식에 없어서는 안 될 물질이다.

■ **숙주**
기생충 또는 바이러스가 기생하거나 공생하는 동식물을 말한다.

바이러스의 유전물질은 RNA입니다. RNA는 DNA에 비해 구조가 불안정하기 때문에 변이를 더 잘 일으킵니다. 인류에게 큰 피해를 입히는 에이즈, 조류 독감, 간염 등이 RNA 바이러스에 의한 질병들이지요. 사스를 H5N1형, 신종 플루를 H1N1형이라고 부르는 것을 들어 보았지요? 이런 분류는 바이러스 껍질에 밤송이처럼 튀어나와 있는 HA와 NA당단백질의 종류에 따른 것입니다. 즉, 인플루엔자 바이러스의 표면 항원■인 HA당단백질이 H1에서 H16까지 16종, NA당단백질이 N1에서 N9까지 9종이 있으므로 이론적으로는 16×9=144종의 바이러스가 있는 것이지요. 더구나 이 인플루엔자 바이러스는 8개의 RNA 조각으로 이루어져 있기 때문에 숙주세포 안에서 증식하면서 이들 유전자가 서로 뒤엉켜 다시 새로운 형태의 신종이나 변종 바이러스를 만들어 내는 것이지요. 신종 플루의 원인이 된 바이러스는 1918년에 스페인 독감을 일으킨 바이러스와 같은 유형인 H1N1형이었습니다. 그런데 스페인 독감을 일으킨 H1N1 바이러스의 유전자가 모두 조류 독감 바이러스에서 유래된 것에 반하여 2009년 신종 플루의 원인인 H1N1 바이러스는 사람, 조류, 북미의 돼지, 유라시아 돼지의 독감 바이러스의 유전자 조각이 고루 섞여 있는 새로운 형태의 바이러스였습니다. 겉모습은 과거와 같은 H1N1형이지만, 유전 물질은 새로운 구성을 지님으로써 일찍이 인류가 면역 항체■를 형성한 적이 없는 완전히 새로운 바이러스가 출현한 것입니다.

■ **항원**
자신의 몸을 이루는 성분이 아닌 이물질로, 사람의 몸에 면역 반응을 일으킨다. 일반적으로 박테리아나 바이러스의 표면에 있는 단백질을 말한다.

■ **항체**
항원의 자극에 의해 우리 몸의 면역세포에서 만들어지는 단백질. 침입한 항원의 종류에 따라 다른 종류의 항체가 만들어지며, 항원-항체 반응을 일으켜 침입한 항원을 파괴한다.

바이러스와의 전쟁, 그 무기는 항바이러스제와 백신

인간에게 질병을 일으키는 대표적인 미생물은 세균과 곰팡이, 그리고 바이러스입니다. 세균이나 곰팡이는 환경이 알맞으면 스스로 증식하며 살아갈 수 있지만, 바이러스는 살아 있는 숙주세포 안으로 들어가야만 생명 활동을 하며 증식할 수 있는 존재입니다. 그러다 보니 항생제로 직접 죽일 수 있는 세균과 달리, 바이러스를 없애기는 쉽지 않습니다. 숙주세포 안에서 숙주의 유전자에 자신의 유전 물질을 삽입하여 마치 숙주세포인 것처럼 증식하는 바이러스를 없애려다 잘못하면 숙주세포가 다칠 수 있기 때문입니다. 그래서 바이러스 치료제인 항바이러스제 개발은 매우 어렵고 비용도 많이 듭니다.

독감 치료제 타미플루는 신종 플루가 기승을 부릴 때 거의 유일한 치료제로 쓰였던 항바이러스제입니다. 바이러스와의 싸움에 사용하는 첫 번째 무기였지요. 타미플루는 어떻게 바이러스를 무력화시킬까요? 우리는 앞에서 인플루엔자 바이러스가 HA와 NA당단백질을 갖고 있다는 사실을 살펴보았습니다. HA는 바이러스가 숙주세포에 달라붙는 데 필요한 단백질이고, NA는 숙주세포에서 만들어진 새로운 바이러스가 세포 밖으로 나가는 데 필요한 단백질입니다. 타미플루는 NA당단백질의 작용을 억제하는 효과를 가지고 있습니다. 즉, 숙주세포에서 증식을 마친 바이러스들이 숙주세포로부터 빠져나오는 과정을 억제함으로써 감염의 확산을 막는 것입니다. 새로운 바이러스가 복제되어도 다른 세포로 감염되지 못하게 하는 타미플루와 같은 항바이러스 치료제는 실제로 바이러스를 죽이는 것은 아니지만 바이러스의 증식을 막아서 주변 세포를 손상시키거나 타인에게 확산되는 것을 막는 데 효과를 발휘하는 것이지요. 인플루엔자 바이러스가 세포 하나에 침투해 들어

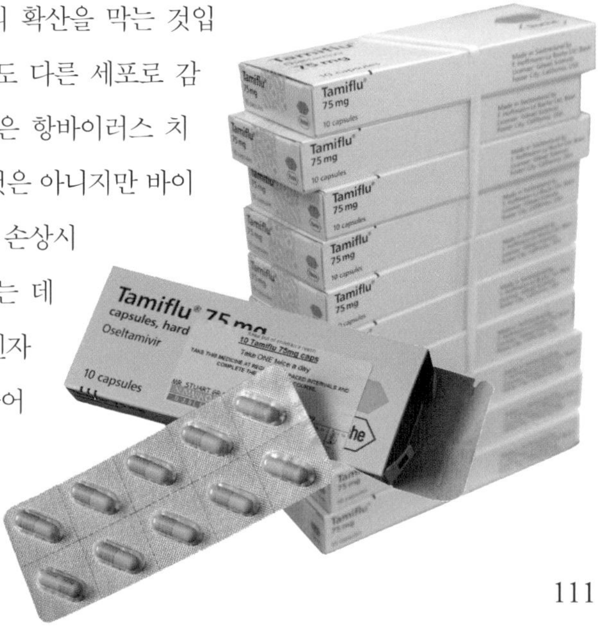

가서 수백 개의 바이러스를 만드는 데까지 걸리는 시간은 고작 6시간 정도입니다. 세균은 자신을 증식하는 데 수십 분이라는 짧은 시간이 걸리긴 하지만 한 번에 늘어나는 수는 2배입니다. 하지만 바이러스는 유전정보만으로 숙주세포의 시스템을 이용하여 짧은 시간 안에 엄청나게 많은 수의 바이러스를 복제할 수 있기 때문에 초기에 항바이러스제를 사용하는 것이 중요합니다.

바이러스와의 대결에 쓰이는 제2의 무기는 질병을 예방하는 백신입니다. 백신은 균에 대항하는 항체를 몸이 스스로 만들어 면역 능력■을 갖게 만드는 약입니다. 타미플루가 치료제라면 백신은 예방약인 셈입니다. 백신 접종에 대해 그 부작용을 우려하거나 효용성을 부정하는 사람들이 있습니다. 그러나 독성이 높은 바이러스가 출현했을 때 가장 효과적인 예방 조치는 백신 접종입니다. 백신이 방화벽의 역할을 하기 때문입니다. 집단 내에 다수가 백신 접종을 받은 경우에는 접종을 받지 않은 사람이 일부 존재하더라도 질병의 전파 속도가 늦춰지고 질병이 더 넓은 지역으로 퍼져나가는 것을 차단하는 효과가 생기는 것이지요. 그러므로 정부에서는 새로운 전염병이 대유행하면 의료진 및 전염병 대응요원, 취약계층, 초·중고생 순서로 우선순위를 매겨 지역 보건소와 위탁 의료기관을 통해 체계적으로 백신 예방접종을 해서 전염병 확산을 효과적으로 막을 수 있습니다.

과거에 약이나 백신이 없었을 때에는 오직 인체의

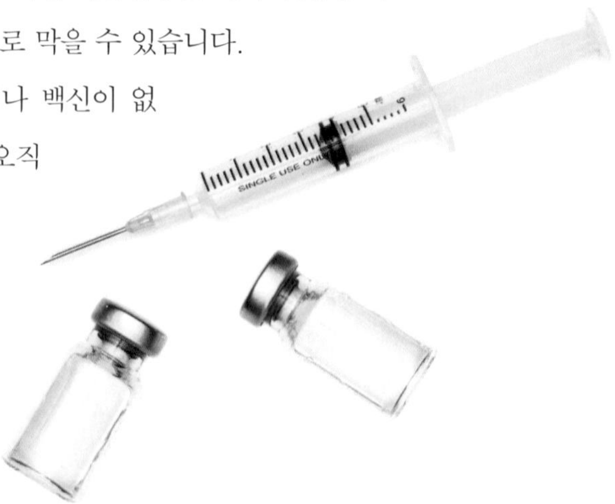

■ **면역 능력**
인간이나 동물이 세균과 바이러스에 감염되더라도 그 병원체를 제거할 수 있는 능력. 선천적 면역처럼 태어날 때부터 갖고 있거나 병에 걸리거나 예방접종을 통해 후천적으로 획득하기도 한다. 일반적으로 건강한 사람이 면역 능력이 높다.

면역력으로만 질병에 대항해야 했기 때문에 많은 사망자가 발생했습니다. 하지만 오늘날에는 각종 백신과 치료제 개발 등 현대적 질병 정책에 의해 전염병을 정복해 나가고 있습니다. 백신은 특정 병원균에 대한 항체를 만들어 내는 것이기 때문에 그 병이 유행하지 않으면 생산한 것을 모두 폐기해야 하는 어려움이 있습니다. 그러므로 정부가 나서서 백신 제조업체를 육성하고 전폭적인 투자와 지원을 해야 합니다. 국민을 질병으로부터 보호하는 것 또한 국가의 중요한 역할이기 때문입니다. 현재 영국, 스위스, 독일처럼 다국적 제약 회사■의 백신 공장이 있는 국가들은 백신 자급률이 100퍼센트에 이릅니다. 백신뿐만 아니라 치료제도 마찬가지입니다. 2009년 신종 플루의 대유행으로 인해 항바이러스제와 백신 생산 업체들은 막대한 이윤을 얻었습니다. 우리나라에서 생산한 신종 플루 백신이 효과가 우수하고 부작용도 크지 않았던 만큼, 지금부터라도 체계적으로 백신과 항바이러스제 개발을 국가 차원에서 지원해 나간다면 국민의 건강도 지키고 국가의 부를 창출해 나가는 일거양득의 기회가 될 것입니다. 오늘날 백신과 치료제를 만들어 내는 기술은 국가 경쟁력을 높이는 중요한 자원으로 자리매김하고 있기 때문입니다.

■ **다국적 제약 회사**
여러 나라에 자회사와 공장을 갖고 세계적인 규모로 영업과 생산을 하는 제약 회사. 엄청난 자본과 기술이 필요한 신약을 개발한 뒤 특허권을 설정, 약을 독점하고 가격을 올려 문제가 되기도 한다. 엠에스디, 화이자, 바이엘, 글락소스미스클라인 등이 있다.

질병을 정복하는 현대 과학과 의학

1997년 홍콩 조류 독감은 치사율이 33퍼센트에 달했지만 세계적인 파급력을 갖지는 않았습니다. 조류 독감에 감염된 사람들은 대부분 양계장을 하거나 닭, 오리 등을 운송하는 일을 하는 등 직접적으로 조류와 접촉하는 사람들에 한정되어 있어서 인간 대 인간으로 감염되지 않았기 때문입니다. 그러나 2009년 신종 플루는 일반 계절 독

감을 능가하는 인간 대 인간 감염력을 지니고 있었습니다. 계절 독감의 경우 가정 내 접촉자 중 2차 발병률이 5~15퍼센트인 데 반해 신종 플루는 22~33퍼센트로 감염률이 훨씬 높았습니다. 바이러스가 대유행하는 경우에는 공통적인 특징이 있었는데, 전에 볼 수 없던 새로운 형태의 바이러스라는 것과 그렇기 때문에 인체의 방어 체계가 작동하지 않아 초기에 빠르게 확산된다는 것, 그리고 젊은 사람들의 감염률 및 사망률이 높다는 것입니다. 2015년 대유행한 메르스는 치사율이 30퍼센트에 이르렀는데 치료약이 없었기 때문에 증상이 있는 사람을 의심 환자, 추정 환자, 확진 환자로 분류하여 철저하게 격리를 했지요.

정부의 대응이 너무 과도했다고 비판하는 사람들이 있습니다. 그러나 신종 플루는 물론 에볼라, 메르스, 지카 바이러스 모두 아프리카와 남아메리카 등 저개발 국가에서 적절한 조치가 취해지지 못해 다수의 사망자가 나왔던 사례에서 알 수 있듯이, 국가 차원의 질병 통제와 예방 조치는 아무리 강조해도 지나치지 않습니다. 정부는 언론 보도를 통해 국민들에게 경각심을 일깨워 주고, 개인위생과 집단위생을 끊임없이 점검하도록 독려하며, 지역마다 거점 병원과 거점 약국을 지정해 치료제를 보급하고, 감염 환자와 의심 환자를 격리함으로써 새로운 전염병이 지역사회를 넘어 확산되는 것을 막아야 합니다. 만약 정부와 보건 당국이 국민들에게 위험성을 주지시키지 않고, 질병 관리 대책 마련에 소홀히 한다면 질병이 대유행할 때마다 온 나라가 공포에 떨게 될 것입니다.

현대 의학과 과학이 발달하기 이전에 홍역, 천연두, 백일해 등의 전염병은 유아 사망률을 높였고, 사람들은 가벼운 질병에 걸려도 속수무책으로 죽어갔습니다. 그러나 이제는 다릅니다. 의학의 발달로 인류는 수명을 다하도록 살 수 있게 되었을 뿐만 아니라, 수명 연장으로 노인 문제가 새로운 사회적 이슈가 되는 시대를 살고 있습니다. 또한 항공 여행과 무역의 증가로 지구촌 시대가 열리고, 도시화와 인구밀도의 증가로 전염병 관리는 더욱 중요한 사회적 과제가 되고 있습니다. 개발과 세계화의 물결 속에서 지구촌의 전염병 전파 위험은 과거보다 월등히 증가하고 있는 것이지요. 그러나 철저한 질병 통제 시스템 구축을 통해 새로운 병원체를 조기에 발견하고 그 전파를 차단하려는 노력은 지구촌을 전염병의 위협으로부터 막아줄 것입니다. 또한 나날이 발전하는 생명공학과 의학은 인류의 건강한 삶을 보장하고 질병의 정복을 가능하게 하는 가장 확고한 무기가 될 것입니다.

아니야,
백신과 치료제만으로는
질병을 막을 수 없어

전염병보다 더 무서운 전염병 공포증

1979년 미국 펜실베이니아 주 스리마일 섬의 원자력발전소에서 방사능이 유출되는 사고가 발생했습니다. 당시 1미터 두께의 격납용기■ 덕분에 사고 기간 중 발전소 부근에서 받은 공중의 피폭선량은 자연 방사선량인 100밀리뢴트겐■에도 못 미치는 양으로, 반경 16킬로미터 이내에 사는 주민들의 방사능 노출 수준은 가슴 X선 촬영을 1~3번 한 정도였다고 합니다. 11년이 지난 후인 1990년, 콜롬비아 대학에서 4년간에 걸쳐 다시 역학조사를 시행했지만 스리마일 원전 사고와 백혈병 및 다른 암과의 인과관계를 발견할 수 없다는 결과가 나왔습니다. 피츠버그 대학 연구팀에서도 13년간 주민 3만여 명을 대상으로 암 발생률을 조사했지만 방사능 유출과는 아무런 상관관계가 없다고 발표했습니다. 그러나 사고 후 스리마일 섬 주민들은

■ **격납용기**
격납이란 엄격히 구분해 보호·저장한다는 뜻이다. 격납용기는 강철과 콘크리트로 원자로를 둘러싸고 있는 구조물로 원자로에 문제가 생겼을 경우 방사성 물질의 유출을 막아주는 역할을 한다.

■ **밀리뢴트겐**mR
뢴트겐은 방사선이 공기 중에 얼마만큼의 세기로 나오는지를 나타내는 단위이다. 최근에는 방선이 인체에 얼마나 영향을 주는지를 나타내는 시버트가 주로 쓰인다. 100R=1Sv.

정부의 발표를 믿지 못하고 암에 걸릴지 모른다는 불안감과 두려움으로 우울증, 두통, 정신적 압박감에 시달렸습니다. 실제 질병으로 인해 얻는 육체적 고통 못지않게 병에 대한 두려움으로 마음의 병을 얻는 것 역시 우리를 고통스럽게 하는 것입니다.

2009년 11월, 한국정신신체의학회 추계학술대회에서 정신과 전문의들은 정부와 언론이 신종 플루 위험성 부풀리기에 혈안이 되어 많은 국민들의 정신 건강에 심각한 악영향을 미치고 있다고 우려했습니다. 질병 자체보다 질병에 대한 공포가 더 큰 문제라며 국민들의 심적 스트레스가 심각한 수준이라고 지적하면서요. 〈세계여행신문〉이 조사한 결과에 따르면, 2009년 8월 7일~9월 8일까지 한 달 동안 신종 플루와 관련한 보도가 CNN은 27건, KBS는 849건이었다고 합니다. 보도 전문 방송인 CNN이 하루 한 번 꼴로 방송을 한 데 반해 KBS는 하루 평균 27회를 방송한 것이지요. 방송뿐 아니라 인터넷에서도 주요 포털 사이트를 통해 신종 플루 관련 내용이 시간대 별로 속속 보도되어 공포감은 더욱 확산되었습니다. 일본의 경우 신종 플루의 사망률이 낮아 개인위생을 강조하는 정도였지만, 우리나라에서는 언론의 과대 보도로 인해 국민들이 지나친 공포 속에서 신종 플루와 힘겨운 사투를 벌인 것만 같습니다.

신종 플루와 관련된 보건 정책이 일관성 없이 오락가락한 것도 국민들에게 많은 혼란과 불안감을 주었습니다. 사망자가 나오면서 여론이 들끓자, 보건복지부에서는 모든 의심 환자가 확진 검사■를 할 수 있게 하겠다고 했습니다. 그러다 보니 열이 나고 기침을 하는 모든 호흡기 환자들이 확진 검사를 하길 원했습니다. 가벼운 감기에도 대학병원으로 몰려드는 사람들 때문에 위급한 환자를 돌보아야 할 종합병원의 업무가 마비될 지경이었습니다. 게다가 정부는 타미플루의 지급과 처방에 관한 지침을 수시로 변경하여 병원도 환자도 우왕좌왕하면서 사회적으로 불안감만 커졌습니다. 정부가 좀 더 신중하고 계획성 있게 상황에 대처해나가고 언론도 선정적인 보도를 자제했다면, 그토록 큰 불안과 공포, 그로 인한 혼란 역시 생겨나지 않았겠지요.

■ **확진 검사**
질병을 의심할 만한 증상이 있을 때 실시해 병명을 확인하는 검사. 신종 플루의 경우 콧물, 가래 등을 채취해 바이러스를 검출한다.

신종 플루 사태를 겪고 난 후에도 정부와 언론은 메르스가 대유행을 한 2015년에도 적절하게 대응하지 못하고 다시 국민을 혼란에 빠뜨렸습니다. 초기에 메르스의 위험성을 제대로 인식하지 못하여 전염병의 전파를 막을 골든타임을 놓쳤고, 감염자와 접촉자, 잠복기에 있는 사람을 파악하고 격리하지 못해 메르스 환자가 비행기를 타고 외국에 나가는 일까지 벌어져 국제적 망신을 당하기도 했습니다. 질병의 확산을 막기 위한 첫 번째 단추는 신속하고 투명한 정보 공개인데도, 국민들이 불안해한다는 납득하기 어려운 이유로 쉬쉬하며 정보를 통제해 오히려 불안과 혼란을 가중시켰습니다. 병원 운영에 타격을 줄 수 있다는 이유로 환자가 수용된 병원 명단을 공개하지 않아서 감염을 더욱 확산시키기까지 했습니다.

앞으로도 새로운 전염병은 신종 플루나 메르스와 같이 언제든지 예고 없이 우리 사회를 침범할 수 있습니다. 그러므로 정부는 국가 차원에서 전염병을 예방하고 통제할 수 있는 중장기 계획을 세워 대비하고, 전염병이 유행하게 되면 신속하고 투명한 정보 제공과 함께 의료계와의 원활한 소통으로 환자 관리와 질병 통제를 통해 온 국민이 힘을 모아 이겨나갈 수 있도록 이끌어야 할 것입니다. 또한 언론은 감염병 확산에 대한 선정적인 보도를 자제하고, 국민들이 정확한 정보에 기초한 예방과 치료에 만전을 기할 수 있도록 해야 할 것입니다. 전염병에 대한 근거 없는 소문과 공포는 우리 사회에 불신과 불필요한 비용만 증가시키고 정작 필요한 곳에서 이루어져야 하는 의료 활동을 방해할 뿐이기 때문입니다.

우리도 백신 개발로 돈을 벌자고요?

신종 플루가 유행하면서 백신과 항바이러스제를 공급하는 제약 회사들은 큰 이익을 얻었습니다. 백신을 독점적으로 생산하는 다국적 제약 회사들의 주가가 치솟고, 타미플루의 독점 판매권을 가진 제약 회사 로슈가 2009년 1년간 470억 달러(한화 약 54조 원)라는 어마어마한 매출을 올린 것입니다. 그러자 거대 다국적 제약 회사들이 백신과 치료제 판매로 막대한 이익을 챙기기 위해 세계보건기구(WHO)에 신종 플루 대유행을 선언하도록 압력을 가했다는 신종 플루 음모론■까지 등장했습니다. 물론 백신과 항바이러스제가 신종

■ **음모론**
아폴로 11호의 달 착륙이 거짓이라거나 케네디 암살을 미국 정보기관이 지시했다는 등 사회에 커다란 영향을 끼친 사건이 일어났을 때, 그 사건의 배후에 거대한 권력조직이나 비밀단체가 자신들의 이익을 위해 그런 사건을 일으켰다고 믿는 것을 말한다. 음로이론이라고도 한다.

| 전 세계 5세 미만 어린이 사망 원인 |

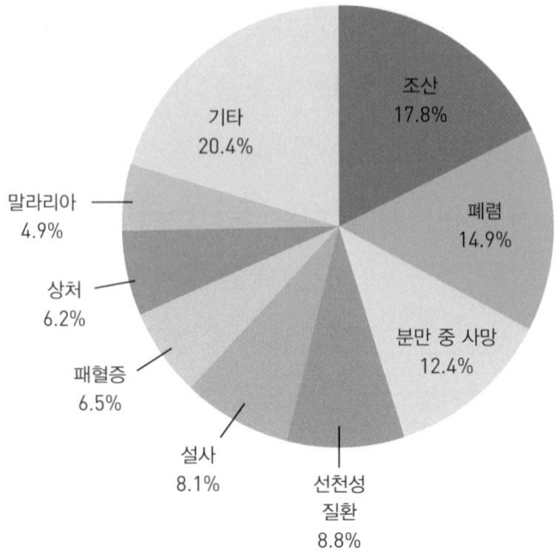

출처 : 유니세프, 2017

5세 미만 어린이 사망자 수는 하루 평균 1만 5,000여 명으로, 개발도상국 어린이들이 99퍼센트를 차지한다. 폐렴, 설사, 말라리아, 에이즈 등 이들의 사망 원인이 되는 질병 퇴치가 우선이다. (기타 : 수(뇌)막염, 홍역, 에이즈, 파상풍 등)

플루 피해를 줄이는 데 도움을 준 것은 사실입니다. 그러나 사람들은 공포와 불안감 속에 미열과 가벼운 기침 증세만 있어도 병원을 찾아 치료제를 요구했고, 정부 역시 고위험군 환자■가 아닌데도 열, 기침, 가래 같은 증상만 나타나면 항바이러스제 처방이 가능하도록 조치했기 때문에 불필요한 검사와 처방이 많았다는 전문가들의 지적도 있습니다.

■ **고위험군 환자**
65세 이상 노인, 이미 질병을 앓고 있는 사람, 임산부, 59개월 미만 유아, 고도비만자, 가족 중에 같은 질병에 걸린 사람이 있는 경우 등 감염되었을 때 다른 사람보다 증상이 악화될 확률이 높은 사람들을 말한다.

오늘날 과학과 의학 기술의 눈부신 발달로 과거에는 치료가 불가능했던 전염병을 치료하고 예방할 수 있게 된 것은 인류가 이뤄낸 대단한 성과입니다. 그러나 문제는 이 엄청난 성과가 인류 전체에게 골고루 돌아가지 않는다는 데 있습니다. 자본주의 사회가 발달할수록 질병의 치료와 예방은 비용을 지불할 능력이 있어야 가능해지고, 지구 반대편 전 세계 인구의 절반 이상은 사실상 이런 의료 기술의 혜택을 받지 못한 채 살아가고 있습니다. 더구나 제약 회사들은 돈이 되는 백신과 치료제 개발에만 신경을 쓰지, 수지가 맞지 않는 백신 개발과 설비에는 좀처럼 투자를 하지 않습니다. 전 세계의 빈곤국에서는 매년 세균성 혹은 바이러스성 위장염으로 어린이 약 100만 명, 성인 60만 명이 숨지지만 제약 회사들은 별 관심이 없습니다. 하루 평균 말라리아로 인한 사망자가 3,000명이 넘는데도 백신과 치료제 개발이 미미한 이유는 환상적인 치료약이 개발된다고 할지라도 말라리아 감염 지역에 사는 사람들은 약을 구매할 능력이 없기 때문 아닐까요?

신종 플루로 제약 회사가 막대한 이익을 얻는 것을 보며 우리나라도 백신과 치료제 개발에 대대적인 투자를 하자고 말하는 사람들이 있습니다. 오늘날과 같이 새로운 바이러스가 출몰해 사람들의 건강을 위협하는 현실에서 백신 생산 능력을 갖추는 것은 필요한 일이지만, 백신 생산을 국가의 경쟁력을 키우는 역점 사업으로 두고 막대한 투자를 통해 이윤을 창출하고자 하는 것은 바람직한 일이 아닙니다. 그보다는 모든 국민들이 질병에 대한 충분한 예방과 치료를 받을 수 있는 환경을 만드는 것이 우선입니다. 우리가 백신 개발을 통해 이윤을 얻고자 한다면, 어쩌면 우리가 개발한 백신의 항원 바이러스가 대유행하기를 고대하게 될지도 모릅니다. 그래서 바이러스 감염으로 죽어가는 사람들을 보면서 돈을 세게 될지도, 혹은 누군가를 로비하여 과장된 공포 속으로 사람들을 몰아넣어 투약을 남용하게 만들고 싶은 유혹을 느낄지도 모르지요. 2009년 신종 플루로 인한 사망자가 가장 많은 나라는 어디였을까요? 뜻밖에도 미국이었습니다. 2010년 1월 세계보건기구 통계에 따르면 전 세계에서 1만

4,700여 명이 사망하였는데, 절반인 7,000여 명이 아메리카 대륙에서 발생하였고, 그중 2,300여 명이 미국에서 발생했습니다. 미국은 겉모습은 부유하지만 국민들 간에 빈부 격차가 매우 심하고, 의료보험 제도가 잘 되어 있지 않아 가난한 사람들이 의료 혜택을 제대로 받지 못하는 나라입니다. 미국 정부가 공중보건■의 감시자로서의 역할을 방기한다는 비판이 신종 플루를 통해 입증된 셈입니다. 국가가 부를 축적하는 것보다 더 중요한 것은 부를 어떻게 분배하는가 하는 문제일 것입니다. 국가가 사회적 안전과 공중보건을 확충하기 위한 투자를 아끼지 않을 때, 국민들의 건강과 삶의 질이 개선될 것입니다.

■ **공중보건**
건강 문제가 개인의 문제를 떠나 사회 전체의 문제라는 시각으로 사람들에게 위생 교육을 시키고, 환경을 위생적으로 관리하며 전염병을 예방하고 질병의 진단과 치료 시스템을 개선하는 등 지역 사회의 모든 사람이 건강을 유지할 수 있도록 하는 일을 말한다.

바이러스의 역습에서 벗어나는 길

신종 플루와의 전쟁은 결과적으로 개개인의 면역력에 달려 있었습니다. 치료제를 써도 결국 죽음에 이르는 경우가 있는가 하면, 치료제를 쓰지 않고도 스스로 회복되는 사람들이 있었으니까요. 평소 영양 상태가 좋고 적당한 운동과 휴식을 취하면서 건강을 유지해 온 사람은 병원체가 몸에 침입했을 때 자신의 면역 작용으로 항체를 만들어 병원체를 이겨 낼 수 있습니다. 전염병의 희생자는 주로 빈곤과 영양실조, 만성 질병으로 고통받던 사람들인 것이지요. 그러므로 진짜 건강한 나라는 국민 대다수가 충분한 영양을 섭취하고 알맞은 운동과 휴식으로 면역력을 높일 수 있는 나라, 의료보험과 질병 대책이 잘 마련되어 있어서 누구나 필요할 때 적절한 치료와 의료 혜택을 받을 수 있는 나라일 것입니다.

사람들이 충분한 영양 섭취와 운동, 휴식을 통해 면역력을 높일

수 있는 것과 마찬가지로 동물들 또한 질병을 이겨 내기 위해서는 같은 조건을 필요로 합니다. 그러나 한정된 공간에서 최대한의 생산을 얻기 위한 기업형 축산■은 건강한 가축의 성장을 불가능하게 합니다. 대규모 집단 사육을 하는 좁고 더러운 공장식 축사에서 운동은커녕 옴짝달싹 못한 채 사료만 먹으면서 살아가는 동물들이 건강할 리 없습니다. 이런 동물들이 병에 걸리지 않도록 항생제를 남용하는 현실에서 새로운 인수 공통 바이러스■의 출현은 어쩌면 필연적인 일일 수 있습니다. 원래 사람과 동물에서 분리되는 인플루엔자 바이러스의 HA당단백질은 종 특이성을 가지고 있기 때문에 조류 인플루엔자 바이러스가 직접 사람에게 전파되지 못합니다. 그런데 사람과 조류 인플루엔자 바이러스 양쪽 모두에 감수성이 있는 돼지의 세포 내에서 새로운 바이러스가 재조합되었기 때문에 사람에게도 병독성을 갖는 인플루엔자 바이러스가 출현하게 되었다고 합니다. 병약한 사람이 질병을 이기지 못하는 것과 마찬가지로 열악한

■ **기업형 축산**
농민이 중·소규모로 가축을 키우는 것이 아니라 기업이 축산을 경영하는 것. 가축을 대규모 우리에 가두어 동일한 사료를 먹이며 공장식으로 기르는 것을 넘어 사료를 만들 곡물의 생산, 사료의 가공, 육류의 생산 및 유통에 이르기까지 모든 것을 상업적으로 관리한다.

■ **인수 공통 바이러스**
사람과 가축 모두를 감염시켜 질병을 일으키는 바이러스. 특히 가축에서 사람으로 전염되는 바이러스를 말한다.

■ **바이러스 혼합 용기**
조류와 포유류의 바이러스에 모두 취약한 돼지가 마치 실험실의 혼합 용기와 같은 역할을 하는 것. 돼지의 몸속에서 여러 가지 바이러스가 만나 섞여 유전자 재편성을 거친 후 신종 바이러스를 탄생시킨다.

환경에서 사육되는 돼지는 질병에 취약할 수밖에 없고, 쉽게 바이러스에 감염된 채 각종 바이러스 혼합 용기■로서의 역할을 하게 되어 인간에게 치명적인 신종 바이러스를 만들어 내는 것이지요. 같은 이유로 철새와 같은 야생 조류에 의해 전파되는 조류 독감도 닭이나 오리를 집단 사육하는 대규모 농장 지역에서 발생해 온 나라로 퍼져 가는 것입니다.

가축을 집단 사육하게 되면 많은 사람들이 저렴한 가격으로 육류를 섭취할 수 있기 때문에 공장식 축산이 긍정적인 측면이 많다고 생각하는 사람들이 있습니다. 그러나 가축의 집단 사육은 건강하지 못한 가축, 안심하고 먹을 수 없는 고기, 이들이 한꺼번에 배출하는 배설물로 인한 주변 환경의 파괴, 지나친 육식이 가져오는 비만과 성인병 등 수많은 문제점을 안고 있습니다. 더구나 가축을 기르기 위해 사료로 사용되는 곡물의 양도 어마어마하기 때문에 가축 사료로 사용되는 곡물이 줄어들면 가난한 나라의 기아 문제를 해결할 수도 있습니다.

우리는 이제 신종 플루에서 새로운 교훈을 얻어야 합니다. 우리를 공포에 떨게 만들었던 H1N1 바이러스의 출현은 인간과 동물의 건강에 대해 전 사회적으로 고민하는 계기가 되어야 합니다. 도시화와 습지 파괴, 가축의 집단 사육 등 인간이 자연과 환경에 대한 공격을 멈추지 않는다면 인간 또한 새로운 바이러스의 역습에서 결코 벗어날 수 없을 것입니다. 우리가 야생동물의 서식지를 보존하고, 육식을 줄이고, 깨끗하고 건강하게 가축을 사육하는 농장의 제품을 구매하여 동물의 사육 환경을 개선시킨다면, 또 모든 국민이 건강한 삶을 살면서 차별 없이 의료 혜택을 누릴 수 있게 된다면, 신종 바이러스의 위협 역시 줄어들게 될 것입니다.

입장 정하기

● 두 글에서 주장의 근거로 제시한 내용을 각각 요약해 봅시다.

● 다음 쟁점에 대하여 자신의 입장을 정하고 근거를 제시해 봅시다.

쟁점1 과학기술의 발달로 인간은 과거에 비해 더 건강한 삶을 살고 있다.

	그렇다	아니다
근거		

쟁점2 새로운 바이러스의 출현과 전파는 백신과 치료제로 막을 수 있다.

	그렇다	아니다
근거		

쟁점3 값싸고 질 좋은 단백질을 얻기 위한 가축의 집단 사육은 꼭 필요하다.

	그렇다	아니다
근거		

● 생물은 진화하는 동안 각 동물 종 특유의 질병이 다른 종에게는 병원성을 발휘하지 않는 종간 장벽을 만들어 왔습니다. 그런데 요즘 들어 가축으로부터 인간에게 전염되는 인수 공통 바이러스가 인간을 위협하고 있지요. 인수 공통 바이러스의 원인과 극복 방법을 조사해 봅시다.

인간의 이기심이 부른 죽음

구제역의 원인과 대책

2017년까지 10년간 유럽은 구제역과 돼지열병으로 1,700만 마리가 넘는 돼지를, 조류 독감으로 4,000만 마리가 넘는 닭과 600만 마리가 넘는 오리를 죽여 땅에 파묻었습니다. 우리나라 역시 2010년 구제역 때 300만 마리가 넘는 돼지를 생매장했고, 2018년까지 3,000만 마리의 닭을 살처분했습니다. 온 나라가 가축의 무덤이 되는 이 끔찍한 현실 앞에서 우리는 무엇을 해야 할까요?

치사율 5퍼센트의 A급 전염병, 구제역

구제역(Foot-and-mouth disease)은 입 구(口), 발굽 제(蹄), 돌림병 역(疫)이란 이름에서 알 수 있듯 소나 돼지처럼 발굽이 2개인 동물에게만 감염되어 입과 발굽 주변에 물집이 생기고 고열과 통증을 수반하는 바이러스성 전염병이다. 구제역을 일으키는 바이러스는 피코나 바이러스과에 속하는 매우 작은 RNA 바이러스로 감염된 동물의 침이나 배설물, 내쉬는 숨 속에 들어 있다가 바람, 물, 사람의 옷, 차량 등 이동이 가능한 모든 매체에 묻어 빠르게 멀리 확산된다. 생존력도 강해 냉동육 속에서 3개월, 동물의 배설물 속에서 6개월까지 살아남을 수 있다. 구제역에 걸린 어린 돼지나 송아지의 치사율은 50퍼센트 정도로 높지만 다 자란 성체의 경우 치사율이 5퍼센트 미만으로 대부분 저절로 낫는다. 사람에게 전염될 가능성도 거의 없고, 열에 약하여 56℃에서 30분, 76℃에서 7초 가열하면 사멸한다. 그럼에도 구제역 발생 농가뿐만 아니라 반경 500미터 내의 동물들을 다 살처분하여 매장하는 이유가 뭘까? 구제역에 걸린 동물은 발과 입에 물집이 잘 생겨 먹지 못하고, 임신한 경우에는 유산을 하거나 젖이 말라 고기와 우유 생산량을 15퍼센트 이상 감소시킨다. 치사율은 낮지만 전염성이 높고 축산업계의 이윤을 감소시켜 경제적으로 큰 피해를 주기 때문에 국제수역사무국(OIE)에서는 구제역을 A급 전염병

으로 지정하고 확산을 막기 위해 감염 동물을 초기에 살처분하는 것을 권장한다. 구제역 청정국의 지위를 얻어야 육류를 수출하는 것에 제한을 받지 않기 때문이다. 우리나라도 구제역 청정국 지위를 빨리 회복하려고 천문학적인 수의 가축을 처참하게 살처분했던 것이다. 우리나라는 육류 수출에 비해 수입이 훨씬 많은 나라로, 구제역 청정국이라는 지위가 큰 의미가 없음에도 불구하고 이처럼 야만적인 정책으로 구제역을 해결하려 하였다. 가축들을 살처분하는 폭력적인 방식은 질병에 대한 공포만을 더 키울 뿐, 해마다 발생하는 구제역을 해결하는 데 도움이 되지 않았다.

참혹한 죽음을 막을 책임은 우리 모두에게 있다

오늘날과 같은 첨단 과학의 시대에 그 많은 동물이 이처럼 짧은 시간에 끔찍하게 죽어가야 했던 근본적인 이유는 육류 소비의 증가와 인간의 탐욕 때문이다. 한정된 공간에서 최대한의 이윤을 얻기 위해 사육 동물을 옴짝달싹 할 수 없는 좁은 공간에 밀어 넣고 성장촉진제와 가공 사료로 단시간에 피둥피둥 살을 찌우려 하니, 그런 환경에서 아무리 항생제를 써도 면역력이 떨어진 밀집 동물들 사이로 전염병이 삽시간에 퍼져나가는 것은 너무나 당연한 일이다. 인간이 욕심을 버리고 비인간적인 사육 환경을 개선하지 않는다면 앞으로도 집단 감염에 의한 비극은 막을 수 없을 것이다. 더구나 전염병은 가축만 병들게 하는 것이 아니라 인수 공통 전염병으로 발전해 인간까지 위협한다. 만약 치명적인 조류 독감 바이러스가 지금처럼 산발적으로 가축에서 인간으로 전염되는 것에 그치지 않고 감기나 신종 플루처럼 인간 대 인간 전염력을 갖게 된다면? 결국 인간이 저지른 환경 파괴와 잔인한 동물 사육의 결과가 부메랑이 되어 인간을 공격하게 되는 것이다.

현재는 우리나라의 구제역 정책이 백신 접종을 하는 것으로 바뀌어 가축 살처분을 최소화하는 노력을 하고 있지만, 가축의 밀집 사육 환경을 개선하지 않으면 동물들을 죽여 땅에 묻는 일은 계속될 것이다. 이는 땅 속에 바이러스를 보관하는 것일 뿐 제대로 된 문제 해결책이 될 수 없다. 그리고 살처분을 수행하는 사람들이 겪는 정신적인 고통도 무시할 수 없는 일이다. 또 아무리 인간의 육식을 위해 기르는 동물이지만 그들에게도 사는 동안 건강하게 살 권리가, 죽을 때 고통 받지 않고 죽을 기본적 생명권이 있는 것 아닐까? 인간을 위해 동물의 생명을 함부로 훼손하는 것을 정당화하는 생명 경시 풍조는 결국 인간의 생명 또한 그 가치를 존중받지 못하는 사회를 만들게 될 것이다. 누구도 그런 사회를 원하지는 않겠지만.

5 나노기술

그래,

시간 낭비하지 말고

우선 나노기술을

발전시켜야 해

아니야,

나노기술로

생겨날 문제들을

먼저 고려해야 해

'나노는 미래이고 미래는 나노다', '나노기술은 다음에 올 산업혁명이다', '나노기술 없는 미래 과학은 생각조차 할 수 없다'. 나노에 관한 말들이 쏟아져 나오고 있습니다. 머리카락 굵기의 10만 분의 1정도밖에 안 되는 물질을 제어하고 활용하는 기술인 나노기술. 이 나노기술은 미래의 과학기술과 산업뿐 아니라 우리의 일상생활까지도 근본적으로 변화시킬 핵심 기술로 평가받고 있습니다. 그런데 우리는 너무나 작은, 하지만 너무나 엄청난 변화를 가져오게 될 나노가 무엇인지 잘 알지 못합니다. 신소재를 만들어 내어 미래 생활을 더욱 편리하고 풍요롭게 해 준다는 이야기에 귀가 솔깃합니다. 세포보다도 작은 기계와 로봇을 만들어 많은 사람을 질병으로부터 해방시켜 준다는 이야기에 우리가 먼저 기술을 선점하고 발전시키자고 나서기도 합니다. 한편으론 그렇게 작은 물질이 혹시 독성을 갖고 있는 것은 아닐까, 인간이 마음대로 개발한 신소재와 로봇이 인간의 통제를 넘어서는 것은 아닐까 걱정이 됩니다. 부유한 사람들에게만 나노기술의 혜택이 돌아가는 것은 아닌지 의문도 들고요. 과학이 인간과 자연에 끼치는 영향력이 점점 커져가는 현대사회에서 기술을 발전시키는 것이 우선일까요, 기술이 가져올 어두운 면을 고려하는 것이 우선일까요? 분명한 사실은 과학기술이 더 이상 과학 기술자들만의 문제가 아니라는 점입니다.

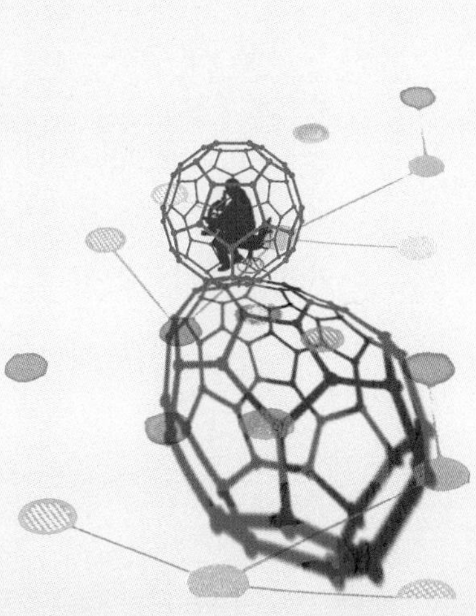

생각열기

● A.M. 10시

요즈음 뉴스에서 신종 독감이 유행이라고 난리가 났다. 나노 마스크가 빨리 나와 모든 바이러스들을 다 막아 주면 전염이 훨씬 누그러들 텐데. 어쨌든 친구와 함께 예방접종을 하러 병원에 갔다. 여기저기에서 들려오는 아이들의 울음소리. 주사기를 보기만 해도 자지러진다. 아! 아프지 않은 주사기는 병원에서 언제 볼 수 있으려나? 나노기술로 거의 개발이 완료되었다던데. 그러면 아이에게 주사가 아프지 않다는 거짓말을 할 필요가 없을 것이다. 나도 주사를 맞으면서 눈물을 찔끔. 아포!

● P.M. 12시

드디어 최신 스마트폰을 샀다. 야호! 친구들의 물음에 검색으로 잘난 척하며 대답을 척척! 나노기술이 더 발달해서 지금보다 기능이 훨씬 업그레이드된다면, 나는야 만능 천재! 음, 하하하. 그러나 배터리가 나가고……. 갑자기 나는 바보가 되어 버렸다. 그 순간 밀려오는 묘한 느낌.

● P.M. 3시

길에서 외국인이 나에게 다가온다. 길을 물으려는 것 같다. 나는 두려운 마음에 다른 쪽으로 피하려 했으나 외국인은 종종걸음으로 쫓아와 기어이 쏼라쏼라. 다시 바보가 된 것 같은 비참한 기분. 아! 만국어 번역기는 언제쯤 나오나? 나노기술로 가능하다던데. 내가 한국어로 말하면 영

나노기술은 우리에게 핑크빛 희망을 심어 줍니다. 지금보다 더 건강하고 편리하고 우아한 삶을 살 수 있을 것이라는 기대를 안겨 주지요. 그러나 회색빛 걱정거리도 안겨 줍니다. 혹시 위험하지는 않은지, 나노기술로 바뀐 삶에 어떻게 적응해야 하는지……. 우리의 삶이 나노기술의 지배를 지금보다 훨씬 더 많이 받게 된다면, 꼭 좋기만 할까요? 어느 학생의 하루 일과를 따라가 보며 생각해 봅시다.

어로 쏼라쏼라 바꿔 주고, 상대가 일본인이면 일본어 모드로 바꾸면 그만! 외국인의 말은 한국어로 내 귀에 들리는……. 야호! 귀에 딱 붙이고 전 세계를 여행하고 싶다.

● P.M. 5시

피부 미용을 위해 나노 화장품을 샀다. 영양분이 피부에 쏙쏙 잘 흡수된다나? 나도 이제 피부미인. 으하하. 그런데 갑자기 나노 입자가 내 몸에 들어와서 무슨 짓을 할지 걱정이 된다. 나노 입자는 세포막을 통과할 수도 있다던데. 친구는 별 걱정을 다 한다고 핀잔을 주었다. 확실히 위험하다는 증거를 말해 보라면서. 나는 소심증 환자일까?

● P.M. 7시

집으로 돌아와 뉴스를 보는데 TV 뉴스에서 가사 도우미 로봇이 나왔다. 엄마는 비명에 가까운 환호성을 지르며 반겼다. 인간처럼 청소하고, 세탁기 돌리고, 요리도 보조할 수 있다고 한다. 로봇이 앞치마를 두른 모습이 어찌나 신기한지……. 그런데 나는 문득 예전에 본 SF 영화가 떠올랐다. 나노기술로 로봇이 수준 높은 인공지능을 지니게 되면, 인간의 생각과 감정을 갖게 될 텐데. 그들도 인간처럼 대해 주어야 하나? 혹시 오작동으로 우리를 공격하면 어떡하지? 엄마는 그런 시절이 오려면 한참 멀었으니, 걱정할 시간에 공부나 열심히 하라고 머리에 꿀밤 한방 딱!

그래, 시간 낭비하지 말고 우선 나노기술을 발전시켜야 해

4차 산업혁명 시대의 작지만 위대한 나노기술

4차 산업혁명이라는 말을 들어보았을 거예요. 1차 산업혁명은 18세기 중반 증기기관으로 시작되었고, 2차 산업혁명은 19세기 후반 전기로부터 시작되었습니다. 3차 산업혁명은 20세기 컴퓨터와 인터넷의 등장으로 시작되었지요. 4차 산업혁명은 우리가 살아가는 21세기를 바꾸어 놓는 혁명입니다. 정보기술, 생명공학기술, 인공지능과 로봇기술 등 최첨단 기술의 융합이 핵심이지요. 나노기술(Nano-technology) 역시 4차 산업혁명의 선두에 서 있습니다.

이것은 마치 미사일처럼 표적인 암세포만을 찾아가 파괴하는 나노물질입니다. 다른 세포에는 영향을 주지 않고 여러 암 조직을 동시에 공격할 수도 있습니다. 나노와 화학, 의료기술이 융합된 암세포 표적 치료제로, 큰 자본 없이도 새로운 독점 시장을 형성할 수 있는 기술입니다. 이 기술을 비롯해 정보력과 자본력, 인력이 부족한 중소기업에 적합한 미래 유망 신기술 10가지가 선정돼 발표됐습니다.

나노기술에 관한 기사입니다. 나노 물질로 암세포만 골라 파괴시킬 수 있다니 정말 놀랍지 않나요? 이처럼 나노기술은 지금까지는 불가능했던 것을 가능하게 만드는 최첨단 기술의 상징으로 떠오르고 있답니다.

나노기술이란 어떤 기술일까요? 나노는 10억 분의 1을 의미하는 접두어랍니다. 예를 들어 1나노미터는 10억 분의 1미터에 해당하는 길이로 머리카락 굵기의 10만 분의 1에 해당하지요. 나노기술이란 이렇게 아주 작은 크기를 다루는 기술을 말합니다.

그렇다면 단순히 작다는 것이 나노기술의 전부일까요? 물질이 나노 크기가 되면 더 이상 덩어리가 아닙니다. 그 물질을 구성하는 원

물질이 동일한 원자로 이루어졌다고 할지라도 그것의 배열에 따라 성질이 달라진다. 탄소와 다이아몬드는 두 물질 모두 동일한 탄소 원자로 이루어져 있으나 배열이 서로 달라 전혀 다른 성질을 나타낸다.

자나 분자 수준이 되지요. 나노 규모를 다룬다는 것은 원자나 분자를 조작한다는 의미와 동일합니다. 물질은 원자나 분자로 이루어져 있으며 어떠한 종류가 어떻게 배열되어 있느냐에 따라 성질이 달라집니다. 따라서 원자나 분자를 다룬다는 것은 자연에는 없는 새로운 물질을 인간이 만들어 낼 수 있다는 것을 의미하기도 합니다. 즉, 나노기술로 물질을 아주 작게 만들 뿐만 아니라, 상상 속에서나 가능한 물질을 만들어 낼 수 있게 되는 것입니다.

상상을 현실로 만드는 산업의 소금, 나노

그럼, 현재 우리가 일상생활에서 사용하거나 개발이 거의 완료된 나노기술을 살펴볼까요? 수년 전부터 나노 화장품이 등장하기 시작했습니다. 나노 화장품은 입자의 크기가 피부 세포의 간격인 75나노미터보다 더 작은 30~40나노미터 정도입니다. 피부 세포 간격보다 작기 때문에 피부 세포 사이를 통과해 깊은 곳까지 효능이 전달될 수 있지요.

'통증 없는 주사기'에 대해서는 들어 보셨나요? 병원에서 주사를 맞을 때 몹시 아픈 이유는 주사기 바늘이 피부 속 신경세포가 있는 곳까지 들어가기 때문이에요. 그런데 나노기술로 가늘고 작은 주사기를 만들면 신경세포가 있는 조직까지 바늘이 들어가지 않아 통증이 생기지 않습니다. 바늘이 너무 가늘어서 투여되는 약물의 양이 작기 때문에 여러 개의 바늘을 패치에 부착하여 사용한다고 하네요. 통증 없는 주사기는 이미 개발되었기 때문에 병원에서 곧 만나 보실 수 있을 거예요. 또 창문에 이산화티타늄■ 나노 입자를 코팅하면 자외선을 받아서 스스로 때를 분해한다고 합니다. 비만 오면 때가 씻

■ **이산화티타늄**
무색, 백색의 분말인 이산화티타늄은 냄새와 맛이 없고 열, 빛, 자외선에 안정적이어서 식용 색소나 코팅제, 페인트, 자외선 차단제 등에 사용된다.

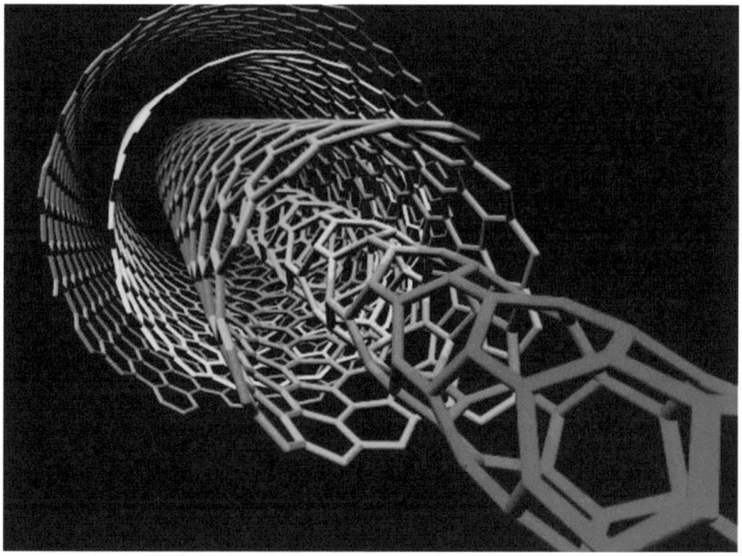

우리나라 포스텍 연구팀이 공동 개발한 세계에서 가장 가늘고 긴 탄소나노튜브

겨 나가니까 유리창 청소 끝! 너무 편리하겠지요?

'탄소나노튜브'라는 말은 들어보셨나요? 테니스 라켓이나 골프채 등의 스포츠용품에 탄소나노튜브를 사용해서 가볍고 강하다고 선전하는 광고를 종종 볼 수 있습니다. 탄소나노튜브는 자연에는 존재하지 않는 물질로, 나노기술로 원자 수준의 조작을 통해 만들어진 신소재랍니다. 탄소 원자가 벌집처럼 육각형 구조로 결합되어 원통 모양으로 말려 있는 형태인데, 직경이 수 나노미터 정도로 매우 가늘어 이름에 '나노'가 들어갔습니다. 탄소나노튜브는 강철보다 100배 이상 강하면서도 매우 가볍고 유연하다는 특성을 지니고 있기 때문에 스포츠용품뿐만 아니라, 비행기 소재나 건축용 자재 등 다양한 분야에서 이용될 것으로 기대되고 있습니다.

다음으로 컴퓨터 분야를 살펴볼까요? 컴퓨터 칩에는 수많은

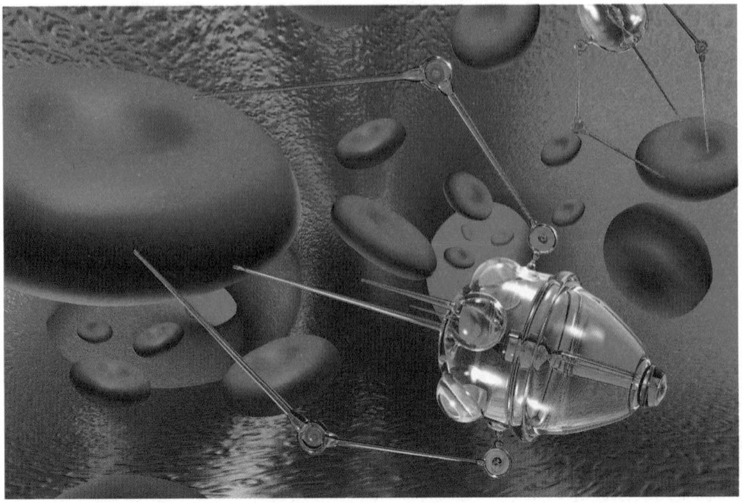

■ **트랜지스터**
전기, 전자 제품의 구성 요소인 트랜지스터는 반도체로 만든 작은 전자 회로로, 전기 신호를 증폭시킨다. 트랜지스터가 진공관을 대체해 라디오와 컴퓨터 등의 기계가 소형화, 고성능화되었다.

트랜지스터■가 집적되어 있습니다. 트랜지스터를 작게 만들고 보다 많이 집적하면 더욱 빠르게 많은 양의 정보를 처리하고 저장할 수 있습니다. 크기는 더 작게, 그러면서도 성능은 훨씬 더 뛰어나게 만들 수 있는 것이지요. 우리가 현재 사용하는 스마트폰도 이러한 기술 발전의 산물입니다. 나노기술은 인공지능과 결합해 더 빠른 정보처리, 더 뛰어난 동시 통역, 더 진짜 같은 가상현실을 구축하는 데 도움을 줄 수 있습니다.

나노기술은 의료나 생명공학도 획기적으로 발전시키고 있습니다. 앞에서도 이야기한 암세포만을 표적으로 하는 나노 캡슐에 약물을 주입하여 암세포만 제거하는 기술, 나노 규모의 센서를 인체에 삽입해서 혈당을 재거나 암세포를 감지해 정밀하고 지속적으로 환자를 진단하는 기술 등이 활발히 연구되고 있지요. 아직 먼 미래의 일이지만, 나노기술로 만든 적혈구 크기만 한 작은 로봇을 우리 혈관에 투입하고, 그 로봇이 혈류를 타고 이동하면서 병원균을 찾아 파괴한다면 병을 쉽게 치료할 수 있게 될 것입니다. 또한 나노기술로 유전자를 자유롭게 조작할 수 있다면 인간의 유전자를 개선함으로써 유전병을 근본적으로 치유할 수도 있겠지요.

나노기술은 지금까지의 과학기술 발전으로 인해 발생한 환경 파괴, 에너지 고갈과 같은 부작용을 해결해 줄 수도 있답니다. 지금까지의 환경 문제는 주로 석탄이나 석유와 같은 화석 에너지를 과도하게 사용하여 생겨났기 때문에 재생 가능 에너지■로 화석 에너지를 대체한다면 환경 문제도 사라지겠지요? 나노기술은 이에 크게 기여할 것으로 기대되고 있습니다.

■ **재생 가능 에너지**
화석연료에서 발생하는 공해가 없으며, 고갈되지 않는 에너지를 의미한다. 태양, 풍력, 바이오매스 등이 이에 해당한다.

우선 나노기술은 태양전지의 효율을 크게 향상시킬 수 있습니다. 이미 사용되고 있는 실리콘 태양전지는 태양에너지를 전기에너지로 전환시키는 데 20퍼센트의 효율을 보이고 있습니다. 그러나 크기가 다른 나노 입자를 여러 개 쌓으면, 태양 빛의 여러 파장을 이용할 수 있게 되어 효율이 50퍼센트 이상으로 증가한다고 합니다.

또 수소 연료전지 개발에도 나노기술이 기여할 수 있습니다. 수소 연료전지란 수소가 공기 중의 산소와 반응하면서 전기를 생산하는 장치입니다. 이때, 부산물로 만들어지는 물은 무공해 물질입니다. 그래서 수소 연료전지가 환경 문제 해결을 위한 에너지인 것이지요. 하지만 수소를 저장하는 것이 쉬운 일은 아닙니다. 심하게 압축하면 폭발할 위험이 높아지기 때문입니다. 그래서 탄소나노튜브가 새로운 가능성으로 등장하고 있습니다. 수소는 적절한 조건에서 물질의 표면에 쌓이는데, 탄소나노튜브는 수소를 잡아당기는 힘이 큰 데다 나노 구조로 되어 있어서 작은 부피 안에 넓은 표면적을 형성할 수 있기 때문에 많은 양의 수소를 안정적으로 저장할 수 있습니다.

나노기술은 이처럼 정보기술(IT), 바이오기술(BT), 환경공학

(ET) 등을 지금과는 전혀 다른 수준으로 발전시킬 수 있습니다. 그래서 나노기술을 산업에 없어서는 안 된다는 뜻으로 '산업의 소금'이라고도 부르지요. 이처럼 나노기술이 사회의 모습 자체를 근본적으로 변화시킬 것으로 기대되기 때문에 '차세대 산업혁명을 주도하는 핵심 기술'이라는 찬사를 받는 것입니다.

이제는 나노기술이 국가 경쟁력이다

현재 전 세계에서 60여 개의 국가가 정부 정책으로 나노기술을 지원하고 있습니다. 나노기술이 국가 경쟁력을 높이는 역할을 할 것이라는 확신 때문입니다. 미국은 1990년대 말에 자국의 나노기술 연구 수준을 다른 나라와 비교 조사했습니다. 그 결과 특정 분야에서 유럽이나 일본에 뒤떨어져 있다는 것을 알았습니다. 이에 큰 충격을 받은 미국은 2000년 '국가 나노기술 전략'을 공식적으로 발표하고 지금까지 막대한 인력과 자본을 쏟아붓고 있습니다. 일본 역시 나노기술을 국가 과학기술 정책의 중점 과제 중 하나로 선정하여 적극적으로 투자하고 있습니다. 유럽연합 또한 나노기술 지원 금액을 증가시키면서 연구 개발을 강화하고 있습니다. 유럽은 나노기술이 싹을 틔운 곳이라는 자부심으로 세계를 주도할 수 있는 방향의 전략을 세우고 있지요. 우리나라도 세계적인 추세에 부합하여 2001년부터 '나노기술 종합 발전 계획'을 수립한 후 국가적 차원에서 기술 개발을 지원하고 있습니다. 비교우위■에 있는 기술을 발굴하여 집중함으로써 경쟁력을 확보하고, 나노기술 인력을 양성하며, 시설 및 지원 체제를 구축하는 방향으로 이루어지고 있지요.

■ **비교우위**
다른 나라보다 더 낮은 비용으로 좋은 품질의 물건을 효율적으로 생산할 수 있을 때 그 제품에 비교우위가 있다고 말한다.

2014년에는 3D 나노 프린팅이 성공했고, 2016년에는 머리카락

| 국가별 나노기술 경쟁력 비교 |

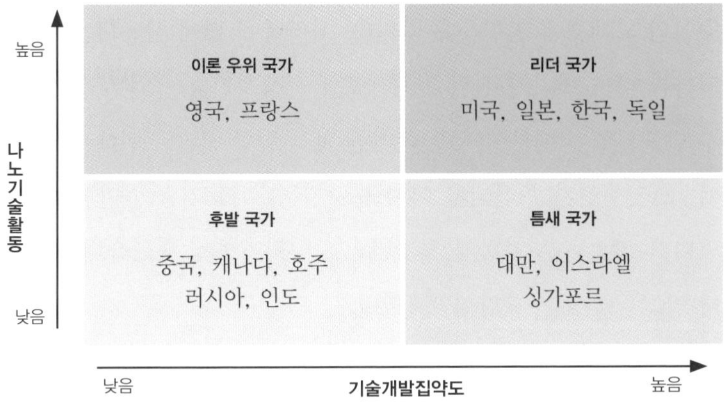

출처 : 한국산업기술평가원, 2005

나노기술활동은 정부, 대학, 기업이 나노기술에 얼마나 투자하는지를, 기술개발집약도는 국가의 인력과 기술 잠재력이 얼마나 높은지를 평가하는 것으로, 우리나라는 나노기술 리더 국가에 속한다.

보다 1,000배나 가느다란 크기의 분자기계를 발명한 프랑스와 미국, 네덜란드의 과학자들이 노벨상을 받았습니다. 나노기술은 더 이상 미래에 관한 이야기가 아닌 것입니다. 전 세계는 자국의 나노기술을 발전시키기 위해 전력을 다하고 있습니다. 21세기의 핵심 기술인 나노기술의 진보가 이루어지지 않는다면 국가의 미래가 결코 밝지 못하기 때문입니다.

불확실한 위험과 확실한 혜택 중 무엇을 선택할 것인가?

지금까지 살펴본 것처럼 나노기술은 우리의 생활수준을 전혀 다른 차원으로 높여 주고, 국가 발전에 크게 기여하는 첨단 기술입니다.

■ **풀러렌**
탄소 원자 60개가 5각형 12개와 6각형 20개로 마치 축구공처럼 연결되어 이루어진 분자이다. 전자 재료, 의약, 기계 등 폭넓은 분야에 응용될 것으로 기대되고 있다.

■ **표준 독성학 시험법**
의약품, 식품 등 인체에 영향을 줄 수 있는 제품을 개발할 때, 개발에 참여하는 나라들이 국제적으로 안전을 위해 마련한 검사 기준을 말한다.

그러나 일부에서는 나노기술이 우리의 환경과 건강, 그리고 안전을 해칠 수도 있다는 우려를 보입니다. 나노 입자 풀러렌■이 큰입민물농어의 뇌세포에 영향을 준다거나, 화장품에 많이 사용되는 이산화티타늄 나노 입자가 쥐의 신경세포를 손상시킨다는 일부 실험 결과가 발표되었기 때문이지요. 이러한 몇몇 실험 결과로 인해 나노기술에 대한 우려가 확산되자 어떤 투자자는 "나노기술의 안전성이 증명되지 않으면 투자하지 않겠다."고 말하기까지 하였습니다. 그러나 이는 어리석은 판단이 아닐까요?

이러한 실험 결과의 신뢰도는 매우 낮습니다. 큰입민물농어와 같은 사례가 있다 할지라도, 풀러렌에 대해 표준 독성학 시험법■을 적용한 확실한 연구는 아직 없습니다. 또 쥐에게 위험하다고 해서 사람에게도 위험할 거라고 확정 짓는 것은 너무 성급한 판단입니다. 위험성이 발견된 것은 오히려 긍정적일 수도 있습니다. 연구와 기술 개발에 더욱 박차를 가해 위험 요소를 제거하면 될 테니까요. 현재 나노기술의 위험에 대한 연구 결과는 매우 제한적인 데다 아직 확실히 검증된 것도 아닙니다. 그럼에도 불구하고 이를 이유로 나노기술 발전에 제동을 걸고, 발전 속도를 늦추는 것이 과연 옳은 판단일까요?

우리가 새로운 기술 개발 과정에 따르는 위험을 두려워하기만 한다면 인류의 발전은 불가능한 일이 됩니다. 비행기 개발만 생각해 보아도 알 수 있습니다. 하늘을 나는 꿈은 인류의 오랜 염원이었습니다. 이를 구현하기 어렵다는 사실을 알았지만, 인류는 끝없는 도전 정신으로 개발을 시도하였습니다. 1903년 지면에서 고작 몇 미터 날아올라 십 몇 초 동안 떠 있었던 라이트 형제의 비행기가 100톤이 넘는 무게를 싣고 1만 킬로미터도 넘는 거리를 날아갈 수 있도록 발전되어 전 세계를 하나로 묶어 주고 있습니다. 이러한 개발 과정, 특히 개발 초기에는 추락 사고 등 감수해야 할 위험이 있습니다. 그러나 이를 마냥 두려워만 했다면 오늘날 우리가 비행기를 타고 해외여행을 하는 것은 꿈도 꾸지 못했겠지요.

어떤 기술이라도 100퍼센트 안전을 보장할 수 없으며 개발 과정에서는 더욱 그렇습니다. 발생할 수 있는 위험을 너무 두려워한다거나, 확실하지도 않은 위험 앞에서 벌벌 떨기보다는, 우선 기술 개발에 보다 박차를 가해야 할 것입니다. 그 과정에서 실제 위험 요소가 구체적이고 정확하게 밝혀지면, 그 영향을 최소화하기 위한 노력을 기울이는 것이 더 효율적이라고 봅니다. 나노기술이 유발할 수 있는 위험이 아직 확실치도 않은데, 이에 대한 두려움이 앞서서 나노기술이 가져다줄 엄청난 혜택과 이익을 포기할 수는 없는 일입니다. 2016년, 우리나라 이광 교수 연구팀이 나노 입자가 인체에 미치는 독성을 분석하는 기술을 개발했습니다. 독성이 걱정된다면 이처럼 독성을 찾아내고 제거하는 기술을 만들어 내는 게 더욱 현명한 선택이 아닐까요?

구더기 무서워 장 담글 시기를 놓쳐서야

우리 사회 일각에서는 나노기술의 위험성에 대한 우려뿐 아니라 나노기술이 우리의 인간과 사회에 심각한 문제를 안겨 줄 수 있다는 고민도 일고 있습니다. 생명공학 분야에서 나노기술의 발달로 DNA를 조작하여 새로운 형태의 생명체를 만들거나 혹은 특수한 목적으로 인간의 DNA를 변형시킨다면 그것은 과연 타당한 것인가, 나노기술의 발전으로 컴퓨터 능력이 기하급수적으로 성장하여 역동적이고 복합적인 가상현실이 발전하면 인간의 사회생활은 어떻게 달라질 것인가를 고민하는 것이지요.

그러나 이러한 문제들은 나노기술이 지금보다 훨씬 크게 진보하고 상업화가 충분히 이루어진 다음에야 나타날 수 있는 문제입니다. 나노기술로 DNA를 조작하거나 가상현실을 만들어 낼 정도가 되려면 아직 갈 길이 멀고, 상업화는 또 다른 차원의 노력이 필요하기 때문에 언제 어떻게 우리 사회에 적용될지 예측하기는 매우 어렵습니다. 만약 먼 미래에 이런 문제가 발생한다면 그때 가서 규제 방법을 결정하면 되지 벌써부터 걱정할 일은 아니지 않을까요?

더욱이 우리나라는 지금 선진국의 문 앞에 있습니다. 자원이 부족한 우리나라가 치열한 경쟁 속에서 하루속히 선진국에 진입하기 위해서는 기술 개발에 전력을 다해야 합니다. 특히 나노기술은 신흥기술이기 때문에 모든 나라가 거의 동일한 시기에 개발을 시작했습니다. 따라서 선진국 진입을 눈앞에 둔 우리나라에게는 엄청난 기회가 될 수 있습니다. 우리나라가 나노기술에서 우위를 점하기 위해서는 기술 발전에 더욱 박차를 가해야 합니다. 이런 때에 나노기술의 불확실한 위험이나 사회적 · 윤리적 문제에 대한 지나친 우려는 자칫 나노기술 발전을 저해하는 요소로 작용할 수 있습니다. 나노기술이 제대로 발전하기도 전에 기술의 어두운 면만을 부각시켜 이를 간섭하고 통제하려 한다면 최고의 기술 수준에 도달하기는커녕 그 싹도 제대로 틔울 수 없을지 모릅니다. 장을 담그기도 전에 아직 확실하게 보이지도 않는 구더기를 두려워해야 될까요? 구더기를 두려워하고 대비하느라 시간과 에너지를 소비하는 동안에 장 담글 시기를 놓치는 어리석은 일은 없어야 합니다.

아니야,
나노기술로 생겨날 문제들을 먼저 고려해야 해

기술 발전의 빛과 그림자

나노기술은 차세대 산업혁명을 이끌어 갈 핵심 기술입니다. 이와 같은 혁신적인 기술은 머지않아 우리들의 삶에 커다란 영향을 미칠 것입니다. 인류는 이러한 경험을 일찍이 해 왔습니다. 가장 대표적인 것이 18세기 후반에 일어난 산업혁명이지요. 열효율이 높은 증기기관■이 등장하고, 이를 사용하는 기계들이 발명되면서 공장에서 대량으로 물건을 만들 수 있게 되었습니다. 그 결과로 사회와 경제구조가 이전과는 전혀 다른 모습으로 변하게 되었지요. 특히 생산력이 증대되면서 인류는 그 어느 때보다도 물질적으로 풍요로운 삶을 누릴 수 있게 되었습니다.

■ **증기기관**
보일러로 물을 끓여 발생시킨 증기를 이용해 피스톤을 왕복운동시키거나 터빈을 돌려 동력을 얻는 열기관. 열에너지를 운동에너지로 바꿔 준다.

그러나 산업혁명에 빛만 내리쬔 것은 아니었습니다. 그림자 또한 짙고 어둡게 드리워졌지요. 산업혁명 초기에 노동자들의 삶은 너무

필립 제임스 드 루테르부르, 〈콜브룩데일의 밤 풍경〉, 1801

나도 비참했습니다. 열악한 환경에서 12시간도 훨씬 넘는 시간동안 힘들게 일했지만, 생계를 유지하기도 어려울 만큼 낮은 임금을 받았습니다. 심지어 청소년과 어린이까지 일터로 내몰려 비참한 생활을 해야 했습니다. 석탄과 같은 화석연료를 사용한 대량생산과 대량소비가 불러온 환경오염 역시 인류를 심각하게 위협했고요. 이러한 역사적 사실을 통해 우리는 기술 그 자체가 인간에게 행복만을 가져다 주지는 않는다는 것을 알 수 있습니다. 만일, 당시 증기기관 기술로 인해 발생할 수 있는 다양한 사회적 현상을 미리 꼼꼼히 헤아려 대처했다면 어땠을까요?

전문가들은 나노기술이 기존의 모든 과학기술 분야를 이전과는 다르게 비약적으로 발전시켜서 우리의 삶과 사회의 모습을 18세기 산업혁명처럼 근본적으로 변화시킬 것으로 내다보고 있습니다. 그렇기 때문에 나노기술이 우리 모두의 행복을 위해 기능할 수 있도록 기술 발전 초기에 나노기술로 발생할 수 있는 모든 문제들을 예측하고 이에 대비하는 지혜가 필요합니다. 기술 개발로 생겨날 수 있는 문제들 외면한 채 무조건 기술 발전에만 박차를 가한다면, 역사적 전철을 되풀이하는 어리석은 일이 될 것입니다.

숨은 위험을 알고도 지나칠 것인가?

나노기술의 가능성과 잠재력에 관한 기대가 점점 높아지고 있습니다. 그러나 한편에서는 나노 입자의 독성에 관한 연구 결과들이 발표되고 있습니다. 2004년 미국 서던 메소디스트 대학의 연구에서 수용성 버키볼■에 노출된 큰입민물농어의 뇌 손상율이 노출되지 않은 9마리의 농어와 비교할 때 17배나 더 높았다는 연구 결과나, 2006년 스위스 베른 대학의 실험에서 적혈구 내부에 나노 입자가 축적된다는 사실을 확인한 결과가 바로 그것입니다. 나노기술이 가져다줄 핑크빛 미래에 들떠 있는 사람들은 이러한 연구 결과의 신뢰도가 낮다고 무시하기도 하지만, 나노 입자의 특성을 이해한다면 충분히 위험 가능성을 예측할 수 있습니다.

■ **수용성 버키볼**
물에 녹는 버키볼. 버키볼은 탄소 원자가 5각형과 6각형으로 이루어진 축구공 모양으로 연결된 분자를 통틀어 이르는 말로 풀러렌과 같다.

나노 입자는 크기가 매우 작습니다. 따라서 피부에 침투하기 쉽고 호흡에 의해 몸 전체로 퍼질 수 있으며, 세포막을 직접 통과할 수도 있습니다. 만약 나노 입자가 다양한 경로를 통해 체내에 들어가면 뇌혈관 장벽■을 건너 뇌에 침투하거나, 모체에서 태반을 거쳐 태아에게까지 이동될 가능성 있는 것이지요. 흡수된 나노 입자가 우리 체내에서 과연 어떤 역할을 할지, 혹시 독성을 발휘하지는 않을지 두렵지 않으신가요? 더구나 나노 입자는 인간뿐만 아니라 다른 생물들에게도 축적될 수 있습니다. 그렇다면 생태계의 먹이사슬에 영향을 줄 것이고, 그 피해는 결국 인간에게 돌아올 것입니다.

■ **뇌혈관 장벽**
인체의 뇌혈관에 있는 독특한 구조. 뇌로 들어가는 혈관에서 세균이나 독성물질 등 위험 물질을 걸러낸다. 뇌는 기억과 학습, 신체 기능을 조절하는데 한번 손상되면 그 기능을 회복하기 어렵다.

또한 나노 입자는 같은 양의 다른 입자에 비해 표면적■이 매우 넓습니다. 따라서 화학반응이 매우 활발하지요. 입자의 크기가 클 때는 어느 특정 물질과 화학반응이 일어나지 않던 물질도, 나노 크기로 작아지면 화학반응이 일어날 수 있다는 뜻입니다. 결국 이러한 나노 입자가 환경에 방출되면 자연에 존재하는 물질들과 뜻하지 않게 화학반응이 일어날 수 있고, 이로 인해 기존에는 존재하지 않던 새로운 화학 폐기물이 생성될 수도 있습니다.

물론 이 모든 것은 가능성일 따름입니다. 그러나 아직 확증되지 않았더라도 충분한 위험 가능성이 있기 때문에 우리의 현명한 가치 판단이 요구됩니다. 나노기술의 발전만을 추구하기보다는, 잠재적 위험에 대한 철저한 연구와 조사를 통해 안전성을 먼저 확보해야 합니다. 그러고 나서 기술 발전과 상용화를 허용해야 하고, 이를 위한 확실한 법적 장치도 마련해야 할 것입니다.

우리는 이미 석면■이나 DDT■의 사례에서 교훈을 얻은 바 있습니다. 석면은 '꿈의 섬유'라고 불렸지만 훗날 호흡기로 침투한 석면 섬유가 20~40년의 잠복기를 거쳐 후두암이나 폐암을 일으킨다는 사실을 알게 됐지요. 세계보건기구와 정부는 부랴부랴 석면을 1급 발암물질로 규정하고 사용을 금지했습니다. 하지만 석면 공해로 인한 전 세계 사망자 수는 매년 10만 명에 달합니다. 지금도 석면을 엄격히 규제하고 있지만 건설 자재, 자동차 부품, 화장품과 의약품 등 무려 3,000여 종에 이르는 제품에 사용된 석면을 일일이 찾아내 규제하는 것도 쉽지 않은 일입니다.

DDT 역시 사람이나 동식물에 피해가 없는 살충제로 각광받았습니다. 그러나 생태계를 파괴시키고 인체에 축적되어 암 등의 질병을 유발한다는 사실이 밝혀지면서 결국 '죽음의 묘약'이 되었습니다.

■ **표면적**
물체 겉면의 면적. 겉넓이. 물건을 잘게 쪼개면 부피는 그대로이지만 다른 물질과 접촉하거나 맞닿는 면적이 넓어져 표면적이 커진다.

■ **석면**
암석 중에 포함된 광물로서, 작은 섬유로 잘 쪼개진다. 불에 타지 않고 가벼우며 강도가 높고 물이나 산에 녹지 않아 방화재·단열재·각종 산업 공정에서 광범위하게 사용되었으나 1970년대 이후 독성이 발견되었다.

■ **DDT**
'dichloro-diphenyl-trichlo roethane'의 약자. DDT는 1874년에 만들어졌다. 1939년 스위스 화학자 뮐러가 곤충에 독성이 있음을 발견, 그 공로로 노벨 생리학상을 받았다. DDT는 살충제와 농약으로 다량 사용되어 질병 퇴치와 농업 생산량 증대에 기여했으나 60년대 독성이 발견되어 70년대에 사용이 중단되었다.

© NARA, 사진 제공 눈빛출판사

미군이 주민들의 협조를 받아 어린이에게 DDT를 살포하고 있다.

석면이나 DDT가 지금은 위험 물질로 경계하고 있지만 처음 등장했을 때는 산업을 발전시키고 질병을 예방하는 물질로 칭송받았습니다. 그 안에 숨겨진 위험성을 간과하였기에 돌이킬 수 없는 피해를 입게 된 것이지요.

나노기술에 무조건 반대하자는 이야기가 아닙니다. 다만 나노기술 역시 어두운 면을 갖고 있다는 것과 우리에게 부메랑이 되어 돌아올 위험 가능성이 있음을 알고도 그냥 지나쳐서는 안 된다는 것입니다. 나노기술의 잠재적인 위험에 대한 관리가 나노기술의 발전 속도에 영향을 줄 수도 있겠지요. 그러나 "급할수록 돌아가라."는 속담처럼 저돌적인 추진보다는 발생할 수 있는 모든 문제에 대해 철저히 대비하면서 추진하는 것이 오히려 더 빠른 길일 수 있습니다. 이러한 노력은 결국 국가 경쟁력에도 도움이 되는 방향으로 작용할 것입니다. 우리나라가 애써 개발한 은나노 세탁기를 외국에 수출하려 했을 때, 수입국에서 안전성에 대한 과학적 증거를 강력히 요구했던 경험을 잊어서는 안 될 것입니다.

나노기술이 바꿔 놓을 우리의 미래

나노기술이 인체와 환경에 미치는 영향뿐 아니라 사회와 윤리, 법 등에 미치는 영향 역시 고려해야 합니다. 과학기술과 사회의 관계를 고민하는 전문가들은 나노기술이 완전히 성숙했을 때, 우리 사회와 인간의 삶이 어떻게 변하는지에 대해서 심도 깊은 예측을 하고 있습니다. 우드로 윌슨 국제학술센터가 2009년에 제출한 보고서인 「나노기술 : 사회적·윤리적 쟁점」에는 나노기술이 가져올 사회적 문제, 도덕적 논쟁, 기술 문화, 삶의 양식 변화, 인간의 상황에 대한 변화 등이 나와 있습니다. 각 쟁점에 대한 세부적인 내용과 구체적인 시나리오를 제시하면서 이에 대비해야 함을 강조하고 있지요. 다음은 이 보고서가 제시한 시나리오 중 하나입니다.

> 인간의 수명이 늘어나 인간이 오래 살면서 여러 가지 문제가 발생하였다. 그중 하나가 인지적 능력의 퇴화이다. 기억력이 떨어지고, 심하면 치매에 걸리는 경우도 있기 때문이다. 그래서 노화에 의한 인지적 능력의 퇴화를 진단하고, 치료하는 연구가 가속화되었다. 나노기술로 뇌 조직을 성장시키고, 신경을 연결시키고, 신경 전달 물질을 증가시키는 유전자를 도입한 것이다. 이 의료기술은 효과성을 검증받아 치료용으로 승인되었다. 그러나 이러한 새로운 치료법은 노인뿐만 아니라, 부모들

에 의해 학생들에게 사용되고자 하는 움직임이 일고 있다. 학습이나 기억, 문제 해결 등과 같은 능력을 향상시키기 때문이다.

이 시나리오처럼 나노기술을 인지적 능력에 적용시킬 수 있다면 노인들의 치매를 해결할 수도 있고, 자라나는 학생들의 학습 능력을 크게 향상시킬 수도 있겠지요. 그러나 이런 나노기술 치료법은 수많은 문제를 발생시킬 것입니다. 우선 이 치료법은 상당히 비쌀 것으로 예상됩니다. 그러면 부유한 이들만 사용할 수 있겠지요. 또 인간의 뇌를 인위적으로 변형시켜도 되는 것인지 심각한 의문이 생겨납니다. 자연스러운 진화가 아닌 인간의 조작에 의한 변화는 우리 인류의 앞날에 어떠한 영향을 미칠까요?

기술과 인간, 모두를 위한 선택

나노기술이 가져올 문제들을 고민하고 이에 대비하기 위해 노력하는 일은 너무나도 당연합니다. 그렇다면 대책 마련은 언제부터 시작되어야 할까요? 바로 지금부터입니다. 기술 발전의 초기부터 예측하고 대비해야 바람직한 기술로 발전할 수 있기 때문입니다. 문제점이 드러난 후라면 이미 늦습니다. 나노기술로 인한 문제는 단순히 기술의 영역이 아니라 사회 전체의 모습, 인류의 존재와 관련한 근본적인 물음에까지 영향을 미칩니다. 따라서 이러한 문제 해결을 위해서는 사회 구성원 모두의 고민과 의사결정 과정이 요구됩니다. 대부분의 사람들은 과학기술에 의해 발생하는 문제를 과학자들의 영역으로만 생각하고 있습니다. 그러나 앞에서 살펴본 것처럼 나노기술로 인한 문제는 과학의 문제이기도 하지만 사회적 · 윤리적 문제이기도 합니다. 나노기술로 발생할 수 있는 문제를 피해 갈 수 있는 사람은 없기 때문이지요.

우선은 사회에서 각자의 역할과 입장을 지닌 사람과 집단들, 즉 과학자 · 정부 · 기업, 시민단체 등이 함께 모여 서로 정보를 공유하고 토론하는 일이 필요합니다. 그리고 그 내용을 일반 시민들에게 공개해서 시민들도 자유롭게 의사결정 과정에 참여하도록 해야 합니다. 사회 구성원 모두가 문제 해결에 관심을 갖고 참여해야 하는 것이지요. 이를 통해 나노기술이 인체와 환경, 사회와 윤리 전반에 어떤 영향을 미치는지 보다 깊이 이해하고 이에 대한 서로의 입장과 견해를 충분히 들을 수 있을 것입니다. 그럼으로써 가장 합리적이고 바람직한 선택이 이루어질 수 있겠지요.

사회 구성원 간의 공개적이고 투명한 합의 과정이 이루어지지 않는다면 우리 사회는 어떻게 될까요? 나노기술 자체가 우리에게 유토피아를 가져올 것이라는 맹목적인 환상과 나노기술로 인해 인간이 제어할 수 없는 상황이 발생할 것이라는 막연한 공포 사이를 방황하게 되어 결국 미래에 대한 준비가 올바로 이루어지지 않을 것입니다.

입장 정하기

● 두 글에서 주장의 근거로 제시한 내용을 각각 요약해 봅시다.

● 다음 쟁점에 대하여 자신의 입장을 정하고 근거를 제시해 봅시다.

쟁점1 과학의 발전에 따른 잠재적 위험에 미리 대처하는 것은 비효율적이다.

	그렇다	아니다
근거		

쟁점2 나노기술에서 우위를 점하기 위해서는 기술 발전에 더욱 박차를 가해야 한다.

	그렇다	아니다
근거		

쟁점3 과학의 발전으로 일어나는 문제를 가장 효율적으로 대처하는 집단은 과학의 전문가인 과학자이다.

	그렇다	아니다
근거		

● 우리의 일상과 사회의 모습은 나노기술로 크게 바뀔 것으로 기대됩니다. 만약 여러분이 현재 희망하는 직업을 갖고 2100년에 살아간다면 그 일상생활이 어떨지 상상하여 하루 동안에 일어난 일을 일기로 써 봅니다. 사건의 나열 외에 자신의 관점과 느낌도 꼭 덧붙이세요.

미래를 결정하는 3박 4일

합의회의

핑크빛일지, 혹은 회색빛일지 모르는 미래. 과학기술이 미래에 가져올 문제는 누가 걱정하고 고민해야 할까요? 과학자? 기술자? 정책을 만드는 정치인? 그런데 나노기술처럼 일상생활 구석구석에 침투해 우리의 삶을 좌우하는 문제라면, 우리들의 의견이 가장 중요하지 않을까요? 아무것도 모르니 전문가에게 맡겨 두고 입 꾹 다물고 있으라고요? 천만의 말씀, 만만의 콩떡이에요. 우리에겐 합의회의라는 무기가 있답니다.

과학기술 정책 결정은 누가? 평범한 시민인 우리가!

학생들에게 과학이 쉽냐고 질문했을 때, "예"라고 대답하는 학생은 소수에 불과할 것이다. 평범한 시민들도 마찬가지다. 과학에 종사하는 전문가들을 제외하고는 다 고개를 절레절레 흔들 것이다. 그래서 그런지 다른 사회 문제와는 다르게 과학기술 정책은 당연히 과학자들에 의해 결정되어야 한다고 생각하는 사람들이 대부분이다. 교육정책이 새롭게 제시될 때마다 전 국민이 자신의 의견을 피력하고 수많은 사회단체가 목소리를 드높이는 현상과는 사뭇 대조적이다. 물론 교육 문제가 사회 구성원 모두에게 영향을 미치고, 개인과 국가의 미래에 중요한 영향을 미치기 때문에 그런 것이라고 생각할 수도 있다. 하지만 과학도 마찬가지다. 과학은 모든 개인의 삶뿐만 아니라 산업의 구조, 국가의 앞날 등에 지대한 영향을 미치기 때문에 과학기술 정책 결정에 일반인들의 의사 표현과 참여가 당연히 필요하다.

공식적인 시민 참여 채널, 그것이 합의회의다

나노기술이 미래에 가져올 문제에 대해 과학자와 정책 입안자뿐만 아니라 일반인들도 함께 참여해서 서로 토론하고 의사 결정을 해야 한다고 말하면, 사람들

은 걱정부터 한다. 말이 쉽지, 구체적으로 어떠한 방법과 통로로 일반인이 참여할 수 있느냐고 되묻는 것이다. 또, 일반인들이 정책 결정에 참여하려면 과학기술에 대한 지식이 있어야 하는데, 평범한 시민이 어떻게 전문적인 지식을 얻겠느냐고 고개를 흔든다. 물론 이를 위해 주로 과학자들이 과학에 무지한 일반인을 대상으로 과학을 일깨워 주는 계몽적인 방법을 사용하기도 하지만, 이런 일방적인 방법으로는 역부족이다. 보다 민주적인, 과학자와 시민이 쌍방향으로 소통할 수 있는 방법을 찾는 고민 속에서 탄생한 것이 바로 합의회의(consensus conference)다.

살아 있는 과학기술을 만드는 자리

합의회의의 구체적인 과정을 살펴보면, 우선 합의회의가 시작되기 약 6개월 전에 '조정위원회'를 구성한 다음 홍보를 통해 일반인들의 참여 신청을 받는다. 20대 젊은이부터 70대 할아버지, 퇴직 교사, 회사원, 주부, 학생, 기업가, 농민 등 전문 지식과 이해관계가 없는 그야말로 평범하고 다양한 시민 패널이 구성된다. 이들은 나이, 성별, 직업, 교육수준, 지역 분포 등을 고려해 전체 사회 구성원을 골고루 대변할 수 있는 사람들이다. 이들은 법정의 시민 배심원과 같은 존재다. 첫날은 문젯거리가 되고 있는 과학기술적 주제에 대해 15~20명으로 이루어진 전문가 패널들과 질의응답 시간을 갖고, 둘째 날에는 시민 패널들의 생각과 의견을 담은 보고서를 작성한다. 마지막 날인 셋째 날에는 합의회의에 참석한 모든 사람들이 최종 보고서를 토대로 토론을 벌인다. 이때 정책 결정 담당자와 의회 의원들이 함께 참여해 합의회의의 결정에 귀를 기울인다. 합의회의의 진행 과정과 보고서는 언론, 인터넷 등 다양한 매체를 통해 보도되어 회의에 참석하지 않은 일반인들에게 해당 주제에 대한 관심을 불러일으키고 지식과 통찰력을 증가시키는 효과를 얻는다. 1985년 덴마크 합의회의에서는 풍요로운 삶이란 결코 에너지를 풍부하게 소비하는 삶이 아니라는 결론에 도달했다. 의회는 시민들의 결론을 받아들여 원자력에너지를 포기하기도 했다. 세계 곳곳에서 열리는 합의회의는 일반인이 과학에 관심을 갖고, 이를 학습하도록 돕는다. 또한 정책 결정에 영향력을 미칠 수 있도록 하는 민주적인 채널이다.

6 유전자조작 식품

그래,

유전자조작은

따뜻한 녹색 기술이야

아니야,

유전자조작은

위험한 연금술이야

프랑켄푸드(Franken food)라는 말을 들어 보았나요? 프랑켄슈타인과 푸드의 합성어로, 말 그대로 '괴물식품'이라는 뜻입니다. 바로 유전자조작 식품(GMO)을 일컫는 말이지요. 대부분의 사람들은 유전자조작 식품을 꺼림칙하게 생각합니다. 하지만 지난 수십 년 동안 수많은 사람들이 유전자조작 식품을 섭취해 왔음에도 심각한 인체 위해성 사례가 보고되지 않았다는 사실을 들며 유전자조작 식품의 안전성을 주장하는 사람들도 많습니다. 유전자조작 식품이야말로 인류가 섭취하는 식품들 중 가장 엄격하게 안전성 검사를 실시하시 때문에 트랜스지방이나 광우병 소처럼 별다른 의심 없이 섭취하다가 나중에 문제가 발견된 식품과는 다르다는 것이지요. 유전자조작 식품에 대해 괴물식품 운운하는 것은 지나친 우려와 거부감의 표현일 뿐일까요? 유전자조작 식품을 둘러싼 안전성 논쟁이 계속되는 동안 유전자조작 농산물의 재배 면적은 점점 늘어나 2019년을 기준으로 현재 24개국에서 1억 8,980만 헥타르, 우리나라 국토 면적의 약 19배에 달하는 농지에서 재배되고 있습니다. 이 면적은 해마다 2퍼센트 이상 늘어나고 있고요. 유전자조작으로 인류의 삶을 풍요롭게 향상시켜 나가자는 사람들과 유전자조작에 반대하며 자연과 환경에 순응해 소박하게 서로 나누는 삶을 살아가자는 사람들. 유전자조작 찬반 논란은 안전성 여부를 넘어 식량 부족 문제, 생태계 파괴 문제, 경제성장의 문제로까지 번지고 있는데 그 밑바닥에는 인류의 삶과 환경 문제를 바라보는 서로 다른 두 입장이 팽팽히 맞서고 있습니다.

생각열기

● Scene 1

1989년 미국에서 근육통, 호흡곤란, 기침, 사지부종 등을 호소하는 환자들이 한꺼번에 발생했다. 이를 이상하게 생각해서 조사하던 중 환자들이 동일한 건강식품을 먹었다는 사실이 드러났다. 바로 일본의 쇼와덴코사가 유전자조작을 통해 생산한 L-트립토판이다. 이를 조사하는 한 연구실의 두 연구자.

연구자 A　이것 좀 봐. 이 제품의 99.6퍼센트는 순수 트립토판이고 사고를 일으킨 것으로 보이는 독소는 전체 질량의 0.01퍼센트에도 미치지 않아. 트립토판 자체에는 독성이 없는데, 다른 독성 이물질이 근육 질환을 일으킨 것 같아. 이 독소는 유전자조작 과정의 부산물일까, 아니면 유전자조작과는 상관없는 단순한 불순물일까?

연구자 B　아직도 그것을 들여다보고 있어? 이미 FDA가 유전자조작이 원인이 아니라 오염 물질 침입이 원인이라고 결론을 내렸잖아. 제품도 모두 수거 후 폐기해 버려서 더 연구를 진행하기도 어려워. 일본 전문가들도 제조 과정과 정제 과정에서 EBT라는 불순물이 들어갔다고 발표했고. 근육 질환은 다른 요인으로도 많이 생긴다는 사실을 자네도 잘 알잖아?

연구자 A　쇼와덴코사는 유전자조작 세균인 고초균으로 이걸 대량 생산했어. 유전자가 조작된 고초균이 독성 물질을 만들어 냈을 가능성도 여전히 배제할 수 없다고. 38명이나 사망하고 1,500명이 넘는 사람들이 고통을 받았어. 이대로 그냥 넘어가기에는 뭔가 찜찜하지 않아?

여러분이 엄마 심부름으로 두부를 사러 갔습니다. 엄마에게 받은 돈은 5,000원이고, 거스름돈은 심부름 값입니다. 크기도 모양도 똑같은 두부가 가격은 제각각입니다. 수입 콩(GMO)-1,500원, 수입 콩(Non-GMO)-2,500원, 국산 콩-3,000원, 국산 콩(유기농)-4,000원이네요. 여러분은 어떤 두부를 선택할 건가요? 유전자조작 식품을 선택하는 문제는 단순히 가격의 문제만은 아닐 것입니다. 유전자조작 식품이 우리 밥상을 넘어 어떤 문제로까지 이어지는지 다음 글을 읽고 생각해 봅시다.

● Scene 2

아프리카 짐바브웨의 수도 하라레에 있는 대통령 궁. 집무실 탁자 위에 펼쳐진 외국 신문에는 "거지가 찬밥 더운밥을 가리는가"라는 자극적인 헤드라인이 선명하다.

내무장관　미국의 옥수수 원조를 거절하셨다는 게 사실입니까? 굶주림에 지쳐 죽어가는 국민들을 살리는 것이 급선무입니다. 각하는 국민들의 신음 소리가 들리지 않으십니까?

대통령　자네도 알다시피 그 옥수수는 모조리 유전자조작 옥수수라네.

내무장관　굶주림을 견디다 못해 가족을 버리고 나라를 떠나는 사람들의 행렬이 끝이 보이지 않을 정도입니다. 각하께서는 지금 국제 사회의 인도주의적 도움을 거부했습니다. 국민의 생명보다 각하의 정치적 자존심이 더 중요하다는 겁니까?

대통령　지금 무엇이 우리나라 경제를 지탱하고 있는가? 바로 옥수수야. 유럽에 수출하는 옥수수는 가진 것 없는 우리 짐바브웨의 희망이자 생명줄처럼 소중한 것이네. 다행히 우리 토종 옥수수는 유럽 사람들에게 인기가 있어. 행여 지원받은 유전자조작 옥수수가 우리 토종 옥수수를 오염시킨다면 어찌 할 텐가? 유럽은 유전자조작 농산물 수입을 금지하고 있어. 당장 굶더라도 안 될 말이네. 미래를 생각해야지.

내무장관　각하, 유럽에 내다 팔 옥수수를 지키기 위해 국민들은 굶어 죽으라는 겁니까? 수확량이 많고 튼튼한 유전자조작 옥수수를 들여와 국민들을 살려야 합니다.

그래,
유전자조작은
따뜻한 녹색 기술이야

유전자조작 식품은 생명공학이 가져다준 선물

지성이는 오늘도 자명종 소리를 듣지 못하는 바람에 허둥지둥 집을 나설 준비를 했다. 바쁘게 현관을 나서려는데 엄마가 옥수수 빵과 우유를 챙겨 주셨다. 다행히 빨리 뛰어서 지각은 하지 않았다. 정신없이 오전 수업을 듣고 있다. 창밖에는 가을을 알리는 단풍이 붉게 물들어 있고 나뭇잎이 하나둘씩 떨어지고 있다. 날씨가 서늘해지니까 금방 배가 고파지는 것 같다. 이제 곧 점심시간. 책상 오른편에 붙어 있는 이달의 식단표에서 오늘의 식단을 살펴본다. 오늘 식단은 된장찌개, 검은 콩밥, 감자 샐러드, 호박 나물, 소시지 야채 볶음이다. 쏘야밖에 먹을 게 없다고 판단한 지성이는 점심 먹고 나서 사발면을 하나 더 먹어야겠다고 다짐한다. 아, 드디어 종이 울렸다. 습관적으로 배식 차 쪽으로 달려간다.

지성이가 먹은 음식 중에서 유전자조작 식품일 수도 있는 것은 무엇인가요? 옥수수 빵의 재료인 옥수수, 된장의 재료이고 소시지의 재료이자 콩밥에 들어 있는 콩, 감자 샐러드의 감자와 마요네즈를 만드는 콩기름, 호박 나물을 볶을 때 쓴 식용유……. 어느 사이에 유전자조작 식품은 우리 먹거리에 깊이 관여하고 있습니다. 1994년, 미국의 칼진사에서 무르지 않는 유전자조작 토마토인 플라브르 사브르■를 시장에 내놓은 것을 시작으로, 유전자조작 농산물 재배 규모는 해마다 급격히 증가해서 유전자조작 식품은 이제 우리 주위에서 흔히 볼 수 있습니다.

유전자조작 식품은 생명공학 기술이 우리에게 가져다준 선물입니다. 유전자조작 식품 덕분에 우리는 비교적 싼 가격에 다양한 먹거리를 먹을 수 있습니다. 복제 양 돌리■나 인간 게놈 프로젝트■가 말해 주듯, 급속히 발달한 생명과학은 유전자조작 기술을 발달시켜 새로운 특성을 가진 유용한 농산물을 대량으로 만들 수 있게 되었습니다.

■ 플라브르 사브르
세계 최초의 유전자조작 식품. 과일을 무르게 하는 효소 유전자를 작동하지 못하게 만들었으나 가격이 너무 높아 상업화에 실패했다. 사람들은 비싼 토마토를 오래 보관하며 먹는 대신 싼값의 토마토를 그때그때 먹는 것을 선택한 것이다.

■ 복제 양 돌리
1996년 세계 최초로 태어난 복제 포유동물. 다 자란 양의 체세포를 복제해 태어났고, 2003년 죽었다.

■ 인간 게놈 프로젝트
인간이 갖고 있는 DNA를 구성하는 30억 개의 염기서열을 모두 밝히고 해석하기 위한 프로젝트. 1990년에 시작되어 2003년에 완료되었다.

막연한 두려움이 부른 거부감

대부분의 사람들은 유전자조작 농산물을 의심스러운 눈길로 바라봅니다. 그런데 유전자조작 농산물에 대한 거부감은 낯선 식품에 대한 막연한 불안감에서 비롯된 것은 아닐까요? 하지만 유전자조작 농산물은 낯선 식품이 아닙니다. 유전자조작을 한다고 하면 굉장히 인위적인 식물을 만들어 내는 것처럼 들리지만, 사실 인간은 수천 년 동안 유전자조작을 해 왔다고 볼 수 있습니다. 우리가 매일 먹고 있는 쌀을 예로 들어 볼까요? 원래 야생 벼의 모습은 지금의 벼와는 완전

안데스가 원산지인 야생 토마토는 작고 색깔도 다양하지만 품종 개량을 거친 오늘날의 토마토는 커다랗고 빨갛다.

히 달랐습니다. 하지만 낟알이 좀 더 많이 열리고, 비바람과 병충해에 강한 종자를 얻기 위해 수천 년간 품종을 개발해 온 인류의 노력 끝에 지금의 벼가 탄생한 것이지요. 예전에는 품종이 좋은 벼를 수확하기 위해서 좋은 품종이 나올 때까지 몇 년이고 교배■를 반복하는 방식을 사용했습니다. 드물게 한두 해 만에 뛰어난 신품종이 나오기도 했지만 10년이 넘도록 좋은 결과가 나오지 않는 경우가 많았지요. 하지만 유전자조작 기술은 밥맛을 좋게 하는 유전자, 병충해에 강한 유전자, 수확량이 높아지는 유전자를 모두 한꺼번에 모아 단기간에 뛰어난 품종의 벼를 만들어 낼 수 있습니다. 더구나 세대가 반복되어도 이러한 특징을 잃지 않게 되고요.

■ **교배**
동식물의 암수를 인위적으로 수정시키거나 수분시켜 다음 세대를 얻는 일.

유전자조작 농산물은 개발 단계에서 조금이라도 인체 위해성이 있을 것으로 예상되면, 더 이상 개발을 진행하지 않습니다. 개발 후에도 엄격하고 철저한 안전성 검사를 거치고요. 오히려 일반 작물들은 안전성 평가를 받아 본 적이 없기 때문에 안전성 여부를 알 수 없습니다. 그런데 왜 유독 유전자조작 농산물만 안전하지 않다고 의심하는 걸까요? 우리가 막연한 두려움으로 잘못된 편견을 가지고 있는 건 아닐까요?

식량 문제를 해결할 수 있는 유일한 대안

식량 부족이 심화되면서 지구촌 곳곳이 굶주림의 공포에 시달리고 있습니다. 유엔은 기후변화와 분쟁 등의 이유로 전 세계 기아 인구가 3년 연속 증가하고 있으며, 2019년 현재 기아 인구의 수는 8억 2,000만 명으로, 9명 가운데 1명꼴로 배고픈 상태에 처해 있다고 밝혔습니다. 최근에는 이상기후로 전 세계 곡물 생산량이 줄어들어 곡물 값마저 천정부지로 뛰고 있습니다. 특히 적도 부근 태평양의 해수 온도가 평년보다 낮은 라니냐 현상이 자주 나타나면서, 세계 농산물의 절반을 생산하는 남미와 미국에 가뭄이 일어나면 상황은 더욱 악화되지요. 2012년에도 두 배 가까이 올랐던 농산물 가격은 2018년에 다시 두 배로 폭등했습니다.

이런 상황에서 유전자조작 농산물은 식량 위기를 벗어날 대안으로 다시 주목받고 있습니다. 해충 저항성■이 높고 수확량이 향상된 품종을 개발해 재배하면 식량을 안정적으로 공급할 수 있기 때문입니다. 유전자조작 기술이 발달할수록 식량 생산량이 훨씬 더 많아지기 때문에 농산물의 값은 당연히 떨어지게 될 거예요. 그러면 싼값에 식량을 구입할 수 있으니 기아 문제도 해결될 수 있지요. 식량 부족 사태가 올 것이 불 보듯 뻔한데 마땅한 대안도 없이 유전자조작

■ **해충 저항성**
농작물을 먹어 치우거나 병들게 하는 벌레, 해충에 강한 성질을 말한다.

식품을 반대만 하면 되겠습니까? 유전자조작 농산물에 반대하는 사람들은 굶어 죽어가는 제3세계■ 사람들의 입장을 생각해 보아야 합니다. 기아에 허덕이는 사람들에게는 말뿐인 관심보다는 당장 먹을 것을 제공해 주는 것이 중요합니다. 지금으로써는 유전자조작 농산물이 기아를 해결해 주는 최선의 선택입니다. 또한 비타민 강화, 백신 성분 함유 등 영양 성분이 강화된 기능성 맞춤형 작물이나 특별한 약용 성분을 생산하는 작물을 개발하게 되면 가난과 질병에 시달리는 제3세계 사람들의 영양 상태도 개선할 수 있고 인류의 질병도 치유할 수 있습니다.

현재 지구상에서 2억 명 이상의 인구가 비타민A 결핍증■에 시달리고 있는데, 그 때문에 약 2,800만 명의 5세 이하 아동이 시력을 잃고 있다고 합니다. 그런데 이들 대다수가 쌀을 주식으로 하고 있지요. 2000년 스위스의 과학자들은 벼에 수선화와 미생물의 유전자를

■ **제3세계**
원래는 냉전 시대에 자유 진영인 제1세계나 공산 진영인 제2세계 어디에도 속하지 않았던 개발도상국을 총칭하는 말. 현재는 아프리카, 아시아, 남아메리카의 빈곤한 저개발 국가들을 가리킨다.

■ **비타민A 결핍증**
비타민A는 지용성 비타민이다. 레티놀이라고도 하며 결핍되면 야맹증, 각막건조증, 각질 연화증, 어린 동물과 사람의 성장 저해를 일으킨다.

도입시켜서 비타민A의 원료 물질인 베타카로틴을 가진 황금색 쌀을 만들어 냈습니다. 만약 쌀을 주식으로 하는 인도에서 황금쌀을 재배하게 하면 4만 명의 시력을 지켜 낼 수 있는 것이지요.

더 나아가 일반 식품에 부족한 영양분을 동식물의 경계를 뛰어 넘어 유전자조작 식품에 도입시킴으로써 한 가지 식품으로도 영양을 골고루 섭취할 수 있는 결과까지 가져올 수 있습니다.

유전자조작 기술은 따뜻한 녹색 기술

유전자조작을 통해 잡초나 해충에 강해진 작물을 키우게 되면 농약이나 제초제의 사용량을 감소시켜 환경오염을 줄일 수 있습니다. 그동안의 농업은 작물의 생산량을 높이기 위해서 농약, 제초제, 화학비료 등을 점점 더 많이 사용해 왔지요. 그 결과로 토양은 산성화가 되고, 그것을 막기 위해 더 많은 화학비료를 뿌리는 악순환이 계속되어서 공기는 더러워지고 수질오염도 심각한 실정입니다. 사실 우리의 먹거리 대부분이 이런 농작물들이기에 인간의 건강에도 큰 악영향을 끼치고 있는 것이지요. 유전자조작 농산물은 농약과 제초제 및 살충제 사용량은 물론 살포 횟수를 줄여 줍니다. 농약이나 제초제에 의한 환경오염을 줄일 수 있는 것이지요. 또한 농작물이 잘 무르지도 않고 쉽게 상하지도 않아서 유통과 보관에 드는 비용도 줄여 줍니다.

더불어 유전자조작 농산물은 우리의 건강도 지켜 줍니다. 화석연료의 고갈과 지구온난화에 대한 세계적인 우려 속에 친환경 에너지에 대한 관심이 커지고 있는 이때, 유전자조작 농산물을 이용하여 바이오에너지■를 생산하게 되면 이산화탄소 배출 감소 효과를 가져

■ **바이오에너지**
바이오매스를 원료로 하는 에너지. 바이오매스는 화학적 에너지를 만들 수 있는 생물을 말하며 식물 외에도 가축의 분뇨, 생선 찌꺼기, 폐수 등에서 메탄가스와 알코올을 추출해 이용한다.

올 수 있습니다. 바이오에너지란 생물자원에서 얻는 에너지를 말하는데, 옥수수와 같은 전분을 발효 공장에서 발효하여 바이오에탄올을 생산하면 이 바이오에탄올을 자동차 연료로 사용할 수 있는 것이지요. 친환경적인 바이오에너지를 만들기 위해서는 옥수수와 같은 작물을 많이 생산해야 합니다. 이때 유전자조작 기술이 아주 중요한 역할을 하게 되는 것이지요.

유전자조작 식품을 반대하는 사람들은 유기 농법과 친환경 농법이 대안이라고 말하지만 이러한 농법은 생산량이 적어 가격이 비싸기 때문에 일반 서민들이 쉽게 사 먹기 힘듭니다. 게다가 비싼 친환경 작물로 바이오에너지를 만들 수 있을까요? 따라서 앞으로의 진정한 친환경 기술은 유전자조작 기술이 될 것입니다.

유전자조작 기술이 가져다줄 사회적 이익

유전자조작 기술은 기업에 막대한 수익을 보장해 줄 수 있습니다. 대량 생산과 판매가 가능하기 때문에 유전자조작 농산물의 종자를 개발하게 되면 큰 경제적 이익을 볼 수 있지요. 또한 새로운 유전자를 이용한 종자의 복제 생산 방지 기술■을 개발하여 종자 특허를 통한 지적재산권 보호도 가능하기 때문에 매년 새로운 종자를 판매할 수도 있습니다. 자원이 부족한 우리나라의 경우 유전자조작 기술 개발로 생명과학 분야를 세계적 수준으로 끌어올리면 국가적 위상을 높이고 경제적 이익도 얻을 수 있겠지요. 현재 재배되고 있는 유전자조작 농산물은 미국이나 유럽의 기업들에 의해 개발된 품종이 대부분이지만, 중국과 인도를 비롯한 개발도상국들 역시 유전자조작 농산물 개발에 뛰어들고 있습니다. 더구나 2015년부터는 유전자 가

■ **복제 생산 방지 기술**
종자를 한번 심어 수확한 종자를 다시 심었을 때 싹이 나지 않거나, 같은 회사의 비료를 사용해야만 성장하는 등 다음 해에 다시 종자를 사서 심도록 만드는 기술. 아직까지 상용화되지 않아 유출된 유전자조작 종자가 여러 곳에서 발아·성장해 생태계를 교란시키고 있다.

미국 워싱턴의 대규모 경작지인 풀만 농장

위 기술을 도입해 GMO 연구와 작물을 재배하는 종자과학기술기지를 건설했지요. 유전자 가위는 동식물의 본래 유전자에서 문제가 있거나 약한 유전자만 잘라내는 기술입니다.

농민들 입장에서도 제초제를 덜 쓰고 적은 노동력과 비용으로도 많은 수확을 올릴 수 있기 때문에 소득 향상을 기대할 수 있습니다. 유전자조작 농산물을 반대하는 사람들은 종자 값이 계속 오를 수 있다고 걱정하지만 종자가 비싸더라도 병충해에 강하고 수확량이 많아지면 결과적으로는 농가 수익이 올라갈 것입니다. 예를 들어, 잘 무르지 않고 당도가 높은 과일을 생산하게 되면 제값을 받고 판매할 수 있겠지요.

유전자조작 기술을 빨간 깃발로 막아서는 안 된다

■ **바이오안전성의정서**
유전자조작 식품의 안전성에 관한 소비자의 불신과 국가 간 서로 다른 규제로 인한 갈등을 막기 위해 2003년 발표된 국제 협약. 유전자조작 식품이 인체 건강 및 환경 보전에 미칠 위해성을 사전에 방지하기 위해 만들었다. 우리나라는 2000년 9월 서명했다.

이미 국제사회는 유전자조작 식품에 대해 '바이오안전성의정서■'를 채택, 과학적인 안전성뿐만 아니라 제도적 장치까지 마련했고, 세계 각국에서는 자국의 사정에 적합하게 유전자조작 식품의 안전 관리를 위한 규제를 시행하고 있습니다. 인구 증가와 산업화로 경지 면적은 점점 줄고, 환경 보존의 필요성에 따라 비료나 농약을 함부로 사용할 수 없는 데다 기후변화로 인한 자연재해로 지구의 농업 환경은 갈수록 어려워지고 있습니다. 또한 석유를 비롯한 화석연료의 고갈로 신재생 에너지 개발이 요구되고 있고요. 식량 문제, 환경 문제, 에너지 문제가 인류의 생존을 위협하는 오늘날, 이 문제를 모두 해결해 줄 수 있는 것이 바로 유전자조작 기술입니다.

1865년 영국은 '적기조례'라는 자동차 규제법을 만들었습니다. 안장, 고삐, 부츠 등을 만드는 회사가 자동차 산업의 확대를 막기 위해서 '자동차 앞에서 빨간 기를 든 사람이 말을 타거나 걸으면서 통행인에게 경고를 해야 한다는 법령'을 만들도록 한 것이지요. 이 조례로 마구업체들의 수명이 조금 연장되긴 했지만, 결국은 다 망했습니다. 우리도 혹시 막연한 불안감으로 유전자조작 식품을 무조건 반대하며 빨간 깃발로 막고 있는 것은 아닌지 다시 한 번 생각해 볼 때입니다.

아니야,
유전자조작은
위험한 연금술이야

식탁을 위협하는 프랑켄푸드

오후 3시 반. 지성이는 친구들과 함께 교문을 나선다. 학교 앞 포장마차를 지나치려는데 매콤한 떡볶이, 구수한 어묵 냄새가 배고픈 지성이와 친구들을 유혹한다. 마침 아주머니는 햄버거 패티를 굽고 계셨다. 오늘은 친구들이랑 햄버거를 사 먹기로 했다. 햄버거에 케첩도 듬뿍 뿌리고, 콜라와 감자튀김도 시켰다. 오늘 간식은 과한가 싶기도 했지만 학원 가서 열공하려면 이 정도는 먹어 줘야지 하면서 위안해 본다. 학원 수업이 끝난 지성이는 엄마가 차려주실 저녁 메뉴를 생각하면서 집으로 향한다.

지성이가 먹은 음식들 중에서 유전자조작 식품일 수도 있는 것은 무엇인가요? 감자튀김의 감자와 식용유, 콜라의 단맛을 내기 위해 사용된 옥수수 과당, 케첩을 만든 토마토, GMO 옥수수를 먹은 소

2010년, 호주 정부가 유전자조작 밀의 실험 재배를 승인함으로써 유전자조작 밀가루와 빵이 우리 곁에 다가올 날이 멀지 않게 되었다. 몬산토는 호주의 거대 밀 재배 기업 중 하나인 인터그레인의 지분을 20% 소유, 합작 투자를 하고 있다.

고기로 만든 패티. 햄버거 빵을 만드는 데 사용된 밀가루는 어떨까요? 밀가루는 대부분 수입하니까 당연히 유전자조작 밀로 만들었을 거라고 생각하겠지만, 틀렸습니다. 아직까지 유전자조작 밀은 없기 때문입니다. 세계 제일의 생명공학 회사이자 유전자조작 종자를 가장 많이 파는 회사인 몬산토는 2002년에 미국과 캐나다에서 유전자조작 밀을 재배할 수 있도록 해 달라고 두 나라 정부에 승인 요청서를 제출했지만, 농민과 국민 대다수의 엄청난 반대에 부딪히고 말았습니다. 자신들의 주식인 밀을 유전자조작으로 재배할 수는 없다면서요. 결국 몬산토 사는 2004년에 더 확실한 안전성의 증거가 나오기 전까지는 유전자조작 밀 재배 시도를 하지 않겠다고 선언했습니다. 그렇다면 지금까지 주장해 온 유전자조작 식품의 안전성은 확실하지 않았다는 걸까요? 그렇다면 왜 우리들의 주식인 쌀은 오히려 유전자조작 쌀이 더 영양가가 높고 맛도 좋다고 선전하고 있는 걸까요?

어느 사이에 유전자조작 식품은 우리 먹거리에 깊이 관여하고 있습니다. 그런데 우리는 유전자조작 식품을 섭취하면서도 정작 우리가 어떤 유전자조작 식품을 먹고 있는지 알지 못합니다. 예를 들어 요즘 많이들 사용하는 식용유인 카놀라유의 경우, 원료인 유채를 전부 캐나다에서 수입합니다. 그런데 캐나다에서 심은 유채의 90퍼센트 이상이 유전자조작 유채입니다. 하지만 식용유는 유전자조작 식품 표시 대상이 아니기 때문에 우리는 유전자조작 식품을 먹고 있다는 사실도 깨닫지 못하는 것이지요.

• 바로 섭취하는 유전자 재조합 식품 : 토마토, 멜론, 사과, 오이, 호박
• 식품의 원료로 사용되는 유전자 재조합 식품 : 토마토, 해바라기, 콩, 감자, 담배, 옥수수

유전자조작 식품은 결코 안전하지 않다

유전자조작 식품은 인류가 그동안 한 번도 먹어 보지 않았던 식품이라는 점에서 그 안전성 여부를 두고 논란이 끊이지 않고 있습니다. 지금의 과학기술로는 그 누구도 장기적으로 누적될 악영향을 논할 수 없는 상황에서, 시간이 갈수록 유전자조작 식품의 유해성이 하나 둘 드러나고 있는 셈이지요.

1998년 영국 로웨트 연구소의 푸스타이 박사는 생쥐에게 유전자조작 감자를 먹이는 실험을 했습니다. 그 결과 심장, 뇌 등의 장기 크기가 줄어들고 면역기능이 약화된다는 사실을 발견했습니다. 유전자조작에 찬성하는 사람들은 푸스타이 박사가 실험에 사용한 감자는 학문적인 용도로 개발된 것이라고 말합니다. 인간이 섭취하지 않는 유전자조작 감자를 연구 대상으로 하여 마치 유전자조작 식품 전체에 안전성 문제가 있는 것처럼 주장했다고 반박한 것이지요. 그러나 유전자조작과 변이로 인해 예기치 못한 독성이 발현될 수 있다는 사실에는 변함이 없습니다.

2005년 국제 환경단체인 그린피스는 몬산토 사가 유럽식품안전청에 제출한 유전자조작 옥수수의 동물실험 자료를 독일에서 법정 투쟁 끝에 얻어 냈습니다. 이 비밀 보고서에서는 실험용 쥐에게 유전자조작 옥수수를 먹인 결과 콩팥이 작아지고 혈액 성분에 변이가 일어났다는 내용이 담겨 있어서 사람들에게 커다란 충격을 주었습니다. 이 유전자조작 옥수수는 유럽연합뿐만 아니라 한국, 일본, 중국, 대만, 오스트레일리아, 캐나다, 멕시코, 필리핀, 미국 등에서 승인을 받아 판매되고 있는 옥수수였습니다.

이렇듯 유전자조작 식품은 과학적으로도 인체에 대한 안전성을

확보해 주지 못하며, 새로운 물질에 의한 알레르기나 독성이 나타날 가능성도 있습니다. 특히 혈액 성분의 변화는 면역체계 손상이나 암과 같은 문제로 신체가 대응하는 과정에서 일어난 것으로 의사들은 풀이한다고 하는데, 우리가 가장 두려운 점은 유전자조작 식품을 섭취했을 경우 당대는 물론 후세에 가서 인체에 어떤 유전적 교란을 일으킬지 아무도 모른다는 사실입니다. 프랑켄푸드인 유전자조작 식품이 우리 식탁을 위협하고 있습니다. 내가 오늘 먹은 음식 중 유전자조작 식품이 차지하는 비율은 얼마나 될까요? 내가 알지 못하는 사이 유전자조작 식품은 우리 먹거리를 점점 더 많이 지배할 것입니다.

생태계를 교란하는 유전자조작 작물

1999년 5월 미국 코넬 대학교는 유전자조작 옥수수의 꽃가루를 먹은 모나크 나비(Monarch Butterfly) 애벌레의 치사율이 44퍼센트에 달한다는 연구 결과를 세계적인 과학 잡지인 〈네이처〉에 게재하였습니다. 이 유전자조작 옥수수는 살충제에 내성■을 가지는 Bt 옥수수였는데, 나비 애벌레뿐만 아니라 잠자리, 무당벌레에도 치명적으로 작용한 것으로 드러났습니다. 이는 유전자조작 작물이 목적하지도 않았던, 제거 대상이 아니었던 생물에게 해를 끼칠 수 있음을 말해 주고 있습니다.

■ **내성**
약물이나 화학제품을 반복 사용할수록 효과가 떨어지는 현상. 살충제에 내성을 가지는 것을 살충제 저항성이라고 하는데, 살충제를 뿌려도 죽지 않고 살충제에 살아남는 유전자를 후대에 물려주기까지 한다.

2000년 독일 예나 대학 연구팀에서는 유전자조작 유채의 꽃가루를 먹은 벌의 장 속에서 유전자조작 DNA를 검출해 냈습니다. 유전자조작 작물 속의 유전자가 이를 섭취한 동물과 사람에게 전이될 가능성을 입증한 것이지요. 유전자조작을 찬성하는 사람들은 사람의 경우 이러한 유전자가 소화관 내 단백질 분해 효소■에 쉽게, 완전히 분해된다고 주장합니다. 그러나 유전자조작 DNA가 전이될 가능성을 배제할 수는 없습니다. 유전자조작 사료를 먹인 양과 돼지의 장, 심지어 젖소에서 짜낸 우유에서도 유전자조작 DNA가 완전히 분해되지 않은 채 검출되었다는 보고가 잇따르고 있습니다.

야심차게 개발 중인 중금속 흡입 유전자조작 식물의 경우는 어떨까요? 대기오염을 정화하기 위하여 중금속을 흡수하도록 개발된 식물이지만, 만약 그 꽃가루가 바람을 타고 주변의 다른 식물에 옮겨간다면 그 식물을 섭취하는 동물은 어떻게 될까요? 더군다나 그 꽃가루가 코를 통해 사람의 몸에 들어간다면? 그래서 중금속 흡입 유전자가 동물이나 우리 몸 안에서 작동한다면? 생각만으로도 아찔한 일입니다.

지구의 생태계는 수십억 년 동안 오랜 진화를 거치며 지역과 환경에 맞게 적응해 왔습니다. 그런데 이러한 장기간의 변화를 단시간에 인위적으로 압축해 탄생한 생명체가 생태계와 자연스럽게 공존할 수 있을까요? 자연적으로 존재하는 본래의 성질을 인위적으로 변화시키고, 생물의 질서를 파괴하는 유전자조작은 각종 돌연변이를 낳

■ **단백질 분해 효소**
단백질에 직접 작용하여 펩티드 결합을 분해해 폴리펩티드나 아미노산으로 분해하는 효소. 동식물의 조직, 세포에 골고루 들어 있고 소화효소로서도 중요한 구실을 한다.

을 뿐 아니라 다른 작물에도 전이되어 생태계를 교란시킬 것입니다. 또한 다른 잡초와 해충에 쉽게 옮겨 가면서 내성이 급속히 증가되어 결국에는 초강력 잡초와 해충을 등장시킬 것입니다. 이렇게 되면 더욱 강력한 농약을 사용해야 하는 악순환이 계속될 것이고, 결국 잡초와 해충뿐만 아니라 이로운 곤충까지 몰살시키게 될 것입니다.

우리나라는 유전자조작 작물을 수입하기는 하지만 재배하지는 않습니다. 그런데 2010년 정부 조사 결과, 유전자조작 작물이 사료 공장, 운송로, 그 주변의 텃밭, 축사 등 전국 26곳에서 누출된 사실이 확인되었습니다. 유전자조작 식물이 알곡 상태로 발견된 것이 아니라 싹을 틔워 자라고 있는 상태로 발견되어 충격을 주었지요. 이 유전자조작 작물이 아무런 준비도 되어 있지 않은 우리나라 생태계에 어떤 영향을 주게 될까요?

유전자조작은 누구에게 이익이 되는가?

지난 30년간 전 세계적으로 식량 생산량은 대폭 증가해 왔습니다. 그러나 기아 문제는 여전히 해결되지 않고 있지요. 미국의 경우 지난 20년간 식량 생산량이 2배 넘게 증가했지만, 서아프리카의 여러 국가에서는 심각한 식량 부족을 겪고 있다는 소식을 자주 접하게 됩니다. 식량 문제 해결은 유전자조작을 찬성하는 사람들의 가장 강력한 논거 가운데 하나입니다. 그런데 우리나라의 식량 사정만 놓고 봐도 남한에서는 쌀이 남아돌고 음식 쓰레기가 넘쳐나는 데 비해 북한에서는 굶어 죽는 어린이가 있습니다. 혹시 식량 문제의 원인이 다른 곳에 있는 건 아닐까요?

유전자조작 식품 찬성론자들은 해충과 잡초에도 잘 견디는 품종을 길러 내면 빠른 시간 안에 많은 수확량을 올릴 수 있기 때문에 기아에 허덕이는 인류의 식량 문제를 해결할 수 있다고 합니다. 하지만 식량 문제의 원인을 생산량의 부족으로 여기는 것은 잘못된 판단입니다. 유전자조작 작물이 확산될수록 종자 특허권■을 지닌 다국적기업의 지위만 더 높아져 농촌과 농부를 위협하는 결과를 초래할 수 있습니다. 유전자조작 종자와 농작물을 판매하는 다국적기업은 종자 분야에서 전 세계적으로 독점을 추구하고 있습니다. 농민들이 유전자조작 작물을 기르기 위해서는 다국적기업으로부터 해마다 종자를 사 와야 하며, 유전자조작 작물에 맞는 화학비료와 제초제까지 함께 사야 합니다. 실제 유전자조작 작물 경작지의 70퍼센트 이상이 미국과 아르헨티나에 집중되어 있고, 대부분의 유전자조작 작물은 부유한 나라의 동물 사료나 바이오 연료 제조에 쓰이고 있습니다. 이러한 다국적기업과 다국적기업이 속한 선진국에 의해서 식량 독점이 이루어질 것은 불 보듯 뻔한 일입니다. 유전자조작 작물이 식량 문제를 해결한다는 말은 자신들의 시장독점을 가리기 위한 수단일 뿐입니다. 우리는 매일 먹어야 살 수 있습니다. 인류에게 중요한 식량 문제가 일부 다국적기업에 의해 좌지우지된다는 것은 정말로 심각한 문제가 아닐 수 없지요.

또한 유전자조작 찬성론자들은 맛과 영양을 획기적으로 개선하거나 약용 성분을 주입하여 영양 결핍을 해결할 수 있다고 주장합니다. 더불어 특정 영양소를 강화하면 만성 영양 결핍에 시달리는 가난한 사람들의 영양 상태를 획기적으로 해결할 수 있기 때문에 유전자조작 식품을 반대하는 것은 비인간적인 처사라고 합니다. 그러나 이는 제3세계 빈민들이 다국적기업에게 텃밭과 농토를 빼앗기고 빈곤에 빠지게 된 책임과 원인을 호도하는 것일 뿐입니다. 빈곤에 처

■ 종자 특허권
종자를 개발한 회사가 종자에 대한 모든 권리를 가지므로 비용을 지불하고 종자를 구입해야 한다. 특히 종자의 이용을 1년만 허용하므로 다음 해에 씨앗을 받아 농사를 짓게 되면 특허권 소송에 휘말린다. 농민은 해마다 종자를 사야 한다.

해 영양 결핍에 시달리는 사람들은 특정 영양소가 함유된 식품이나 약용 성분이 포함된 유전자조작 식품을 구입할 돈이 없기 때문에 어차피 그 제품의 구매에서 소외될 것이 뻔합니다. 유전자조작 황금쌀이 비타민A를 공급해 준다고 하지만, 비타민A는 닭과 달걀, 육류, 우유, 버터, 당근, 시금치, 호박에 충분히 들어 있습니다. 제3세계의 농민들이 자신의 노동에 대한 정당한 댓가를 받으면서 풍부하고 다양한 작물을 직접 길러 먹고 살 수 있는 환경을 만드는 것이 우선이 아닐까요? 유엔 식량 조사관으로 활동했던 장 지글러는 현재 인류의 생산력은 120억 인류를 거뜬히 먹이고도 남을 만큼 발달해 있다고 이야기합니다. 이는 식량 문제가 생산량이 부족해서 생긴 문제가 아니라 인간보다 곡물을 더 많이 소비하는 가축을 먹는 육식 중심의 문화와 선진국과 제3세계 간의 불공정한 식량 배분이 가져온 문제라는 증거입니다.

유전자조작 식품을 거부한다

유전자조작 식품의 안전성에 대한 논란이 끊임없이 제기되면서 유전자조작 식품에 대한 사람들의 거부감이 점점 커지고 있습니다. 유럽연합은 1998년에 유전자조작 식품의 생산과 유통에 관한 모라토리엄■을 선언했고, 캐나다는 2000년에 세계 150개국 대표들을 모아 유전자조작 작물과 식품 무역을 규제하는 '생명공학안전성의정서'를 채택하도록 선도하는 등 유전자조작 식품 반대에 적극적으로 나서고 있습니다. 프랑스는 유전자조작 작물을 생산하는 국가임에도 불구하고 실제로 슈퍼마켓에서 유전자조작 식품을 찾기는 어렵습니다. 생산되는 유전자조작 작물을 동물 사료나 기타 용도로 모두 수

■ **모라토리엄**
원래는 국가나 지방자치단체가 외부에서 빌린 돈을 갚지 못해 지불을 유예하거나 파산을 선언한다는 뜻의 경제 용어. 사회적으로 큰 영향을 미치는 결정을 뒤로 미루는 일을 말하기도 한다.

그린피스의 GMO 반대 시위

출하기 때문입니다. 프랑스를 비롯한 대부분의 유럽 국가들은 유전자조작 식품을 거부하는 경향이 강합니다. 그동안 유전자조작 작물의 종주국으로 유전자조작 식품에 무관심했던 미국 소비자들도 최근 이런 문제점에 대한 인식이 점차 높아지고 있습니다. 몬산토 사 등 유전자조작 작물을 개발하는 다국적기업을 상대로 농민과 소비자들의 손해배상 소송이 늘어나고 있고요. 에티오피아처럼 기아로 허덕이는 아프리카 국가들조차 "유전자조작 식품 원조는 받지 않겠다."라고 선언했습니다. 장기적으로 볼 때 인체에 어떤 악영향을 줄지, 자국의 농업에 어떤 영향을 줄지 알 수 없다는 판단으로 내린 결정이지요.

우리나라의 경우 1996년 이래로 아무런 조치나 표시 없이 콩이나 옥수수 등의 유전자조작 식품을 먹어 왔습니다. 그러다 2001년에야 표시제가 시행되어 그나마 우리들이 유전자조작 식품을 피할 수

2008년을 기준으로 우리나라, 유럽, 일본, 미국, 호주, 캐나다 등 세계 55개국에서 유전자조작 식품을 허용하고 있다. 유전자조작 작물을 재배하는 나라는 25개국, 우리나라처럼 직접 재배는 하지 않지만 수입만 하는 나라는 30개국이다.

소비자 모임, 주부 모임, 종교 단체와 환경 단체, 농민들을 중심으로 유전자조작 식품 거부 운동인 'GMO-FREE', 'Non-GMO' 선언을 하고 있으며, 식품 업체들도 소비자들의 눈높이에 맞춰 일부 품목에 한해 동참하고 있다.

있는 방법이 마련되었습니다. 그러나 유전자조작 작물이 원료 함량 5순위 내에 들지 않거나, 식품 총량의 3퍼센트를 넘지 않으면 표시 대상에서 제외되기 때문에 사실상 유명무실한 제도입니다. 환경단체나 소비자단체가 유전자조작 작물이 들어가지 않은 식품을 선택할 수 있는 확실한 표시제를 도입하기 위해 노력하고 있지만, 아직 유전자조작 식품에 대한 국민들의 인식이 낮고 정부의 대응도 미흡한 실정입니다.

냉해에 강한 딸기를 만든다고 넙치의 유전자를 섞는 것은 누가 봐도 자연스러운 일이 아닙니다. 필요한 유전자를 조작한다고 정말로 원하는 생명체가 나올까요? 그렇게 만든 생명체는 안전할까요? 유전자조작 식품은 안전하지도 않고, 생태계를 교란시킬 뿐 아니라 식량 부족과 기아를 해결해 주지도 못합니다. 농작물을 기르는 농부에게도, 그 농작물을 구입하는 소비자에게도, 우리 모두가 살아가는 지구 생태계에도 걱정거리만 안겨 줄 뿐, 어떤 이득도 주지 않습니다. 유전자조작 식품으로 이익을 얻는 것은 다국적 생명공학 회사밖에 없습니다. 우리의 밥상과 우리를 둘러싼 생태계를 지키기 위해 이제는 유전자조작 식품을 거부해야 합니다.

입장 정하기

● 두 글에서 주장의 근거로 제시한 내용을 각각 요약해 봅시다.

● 다음 쟁점에 대하여 자신의 입장을 정하고 근거를 제시해 봅시다.

쟁점1 유전자조작 식품은 인체에 안전하다.

	그렇다	아니다
근거		

쟁점2 유전자조작 식품은 식량 문제의 대안이다.

	그렇다	아니다
근거		

쟁점3 유전자조작 식품 개발은 사회적 이익을 가져온다.

	그렇다	아니다
근거		

● 20년간 유기농 콩을 키우고 있는 김주원 할아버지 밭 근처에 심지도 않은 옥수수가 자라났습니다. 몇 해 전 사료 공장이 들어선 후의 일이지요. 그런데 이 옥수수가 자라면서 주변 콩들이 모두 시들시들 죽어 버렸습니다. 할아버지는 이 옥수수가 유전자조작 작물이라는 사실을 알게 되었습니다. 할아버지는 어떤 행동을 해야 할지, 정부는 어떤 대책을 세워야 할지 적어 봅시다.

밥상을 흔드는 보이지 않는 손

GMO 개발 과정과 GMO 분석법

유전자를 인위적으로 변형시키는 것을 유전자조작, 유전자 변형, 또는 유전자 재조합이라고 다양하게 표현합니다. 이렇게 만들어진 유전자조작 작물이나 유전자조작 식품을 GMO(genetically modified organism)라고 부르지요. GMO는 어떻게 개발되고 만들어질까요? 수많은 연구원들이 모여 한 치의 오차도 없이 만드는 것일까요? 테스트를 거치면 혹시라도 생길지 모를 위험을 완벽하게 차단할 수 있을까요?

따라가 보자! GMO 탄생 과정

유전자조작은 어떤 한 종의 유전자 중 필요한 유전자를 빼내 다른 종의 유전자에 끼워 넣는 방식으로 이루어진다. 유전자조작 기술은 1973년 개발된 이후, 20년간 꾸준히 발전해 여러 생명과학 분야에서 보편적으로 활용되고 있다. 유전자조작 기술 과정을 따라가 보자. 우선 동물, 식물, 미생물에서 유용한 특성을 가진 유전자를 찾아 DNA를 추출하는데, 이런 유전자를 유용 유전자라고 한다. 그 다음 과정이 바로 분리된 유용 유전자를 대상 작물에 이식하는 유전자재조합 과정이다. 이식 과정에는 식물에 질병을 일으키는 아그로박테리움이라는 박테리아를 이용하거나 총처럼 고압가스로 유전자를 쏘아 넣는 입자총법 등이 사용된다. 유전자재조합 과정은 유전자 형질 전환이라고도 부르는데, 대상 작물의 세포 안에서 유용 유전자가 원래 세포에 형질 전환을 일으키면 드디어 우리가 원한 새로운 특징을 가진 작물이 탄생하게 되는 것이다. 냉해에 약한 딸기에 심해에 살아 추위에 강한 넙치의 유용 유전자를 이식, 형질 전환을 일으키면 딸기는 꽃샘추위를 잘 견딜 수 있는 유전자조작 작물이 되는 것이다. 마지막으로 실제로 형질이 변화된 세포만을 선별해 조직배양을 한 다음, 원하는 개체를 선별하면 끝. 상품화를 위해서는 다시 인체 안전성과 환경 위해성 등 안전성 검사 기관의 심사를 거친 뒤 품종 등록 및 승인을 받아야 한다.

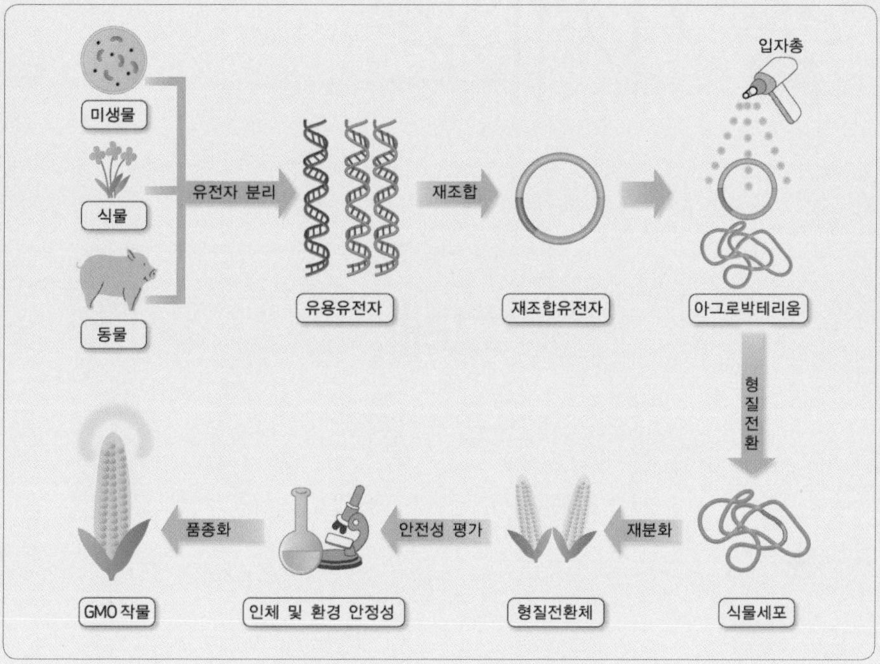

파헤쳐 보자! GMO 분석법

식품에 유전자조작 물질이 들어있는지 없는지 어떻게 알 수 있을까? GMO라는 것은 결국 유전자인 DNA를 조작하는 것이므로 GMO 농산물 구분의 핵심은 이 조작된 DNA를 구분하는 것이다. PCR 정성분석법이라고 불리는 DNA 분석법은 검사하려고 하는 작물의 원래 DNA 농도를 1,000억 배까지 증폭시켜 유전자 조작 물질이 포함되었는지를 확인한다. 쉽게 말해 DNA를 추출해 이를 엄청나게 복제시킨 다음 세심하게 확인해 가며 유전자가 변형 여부를 분석하는 것으로, 정교한 분석 장비를 동원해 숙련된 전문가들이 이틀 정도면 찾아낼 수 있다고 한다. 또 다른 방법은 항원-항체 반응을 이용한 단백질 분석법인데, 유전자조작 생물체 속에 새롭게 도입된 유전자가 생산하는 특이 단백질에 반응하는 항체 단백질을 이용해 판별하는 방법이다. 그러나 식용유, 간장, 옥수수 물엿 등은 DNA나 단백질 검출이 안 되기 때문에, 유전자조작 옥수수 물엿이 들어간 콜라의 유전자조작 진위 여부를 가릴 수는 없다고 한다. 그저 GMO 포함 여부 표시만을 믿고 판단할 수밖에 없는 실정이다.

7 줄기세포

그래,

배아 줄기세포는

생명공학이 선물해 준

꿈의 치료제야

아니야,

배아 줄기세포 연구는

생명의 존엄성을

해치고 있어

2019년 3월, 미국 매사추세츠공대(MIT)와 독일 막스플랑크연구소를 비롯한 세계 7개국 8명의 과학자와 윤리학자들이 국제학술지 〈네이처〉에 생명공학 '모라토리엄'을 선언했습니다. 모라토리엄은 일단 지금부터 모든 것을 중지한다는 뜻이지요. 정자·난자 등 인간 생식세포와 배아를 이용한 유전자 편집 기술의 임상 적용을 멈추겠다는 것입니다. 그리고 이를 감독할 국제기구를 만들자고 했지요. 2018년 11월, 중국의 남방과학기술대학교에서 쌍둥이 유전자 편집 아기를 탄생시킨 사건이 모라토리엄 선언의 결정적인 계기가 되었습니다. 배아 줄기세포 연구는 우리나라가 과학 선진국들과 경쟁할 수 있는 몇 안 되는 선진 기술 분야입니다. 그러나 생명의 존엄과 가치를 생각하면 우리 역시 생명공학 연구를 쉽게 생각할 수 없습니다. 희귀병과 난치병 치료를 위한 생명과학 분야의 연구와 실험은 절실하지만, 그 연구와 실험이 인간의 존엄성과 생명을 존중하지 않은 채 이루어진다면 무슨 소용이 있겠어요. 인류는 이미 생명윤리에 대한 고민 없이 국가의 이익이나 과학과 의학의 발달을 위해 수행한 연구가 생체 실험 등 무서운 결과를 초래한 역사적 경험을 갖고 있습니다. 그리고 복제 인간 등 미래에 생명과학이 가져올 잠재적 위험에 대한 우려의 목소리도 커지고 있고요. 배아 줄기세포가 가져다줄 성과와 희망도 중요하지만, 윤리적인 생명공학이 무엇인지 고민하는 사회적 분위기와 이를 뒷받침해 줄 제도적 장치가 꼭 필요한 시점입니다.

생각열기

● **헌법소원심판청구서**

청구인

1. 배아 1 2. 배아 2 3. 아빠 □□□ 4. 엄마 ○○○

청구 취지

"생명윤리 및 안전에 관한 법률(2010.1.18 법률 제9932호)은 헌법에 위반된다."라는 결정을 구합니다.

침해된 권리

헌법 제10조 인간의 존엄성과 기본 인권 보장

청구 이유

안녕하세요? 저는 예쁜 아내, 씩씩한 아들, 그리고 토끼같이 귀여운 딸과 함께 살고 있는 평범한 가장입니다. 지금은 이렇게 예쁘고 귀여운 아들과 딸을 저희 가족으로 당당히 소개할 수 있어 어깨가 쫙 펴졌지만, 사실 저희 부부는 오랫동안 아이가 생기지 않아 걱정이 많았던 시절이 있었습니다. 결국 저희는 불임 치료 센터에 가기로 결정했지요. 전신마취를 한 후 어렵게 아내의 몸에서 난자를 채취해 체외수정을 시킨 다음, 그중 3개의 수정란을 아내의 자궁에 넣어 건강한 아들과 딸을 얻었습니다. 그런데 항상 마음에 걸리는 것은 자궁에 넣지 않은 나머지 수정란들입

난자와 정자가 만나 몇 번의 분열을 거친 배아, 이 배아가 헌법소원을 청구한 일이 있었습니다. 갓난아기는 커녕 아직 엄마 뱃속에 착상하지도 않은 배아가 청구인이라니. 배아 연구가 인간의 존엄과 가치를 훼손한다며 헌법소원을 신청한 엄마, 아빠가 자신들의 두 개의 냉동 배아를 청구인으로 참여시킨 거지요. 스스로를 지킬 순 없지만 배아도 엄연한 생명이라면서요. 이 부부의 헌법소원 이유를 한번 들어볼까요?

니다. 체외수정을 통해 만들어진 나머지 수정란인 배아들도 만약 제 아내의 자궁에 착상만 되었다면 예쁜 아들과 딸이 될 수 있었을 테니까요. 저희 말고도 불임 시술을 받는 부부가 굉장히 많을 텐데, 인공수정 시술 특성상 수많은 잔여 배아가 발생할 수밖에 없습니다. 그러면 선택받지 못한 그 많은 배아들은 어디로 갔을까요? 나머지 잉여배아는 시술받은 부부의 기증에 의해 의료 기관이나 연구 기관에서 연구 목적으로 사용된다고 들었습니다. 희귀병이나 난치병, 불임 치료 등의 연구에 사용된다니, 그로 인해 고생하시는 분들을 위해 좋은 일에 쓰였다고 할 수도 있겠지요. 그러나 엄연히 배아도 생명을 가졌는데 그렇게 함부로 연구에 써도 되는 것일까요? 그리고 배아의 보존 기간은 5년인데, 그 기간이 지나면 연구 목적 외에는 폐기하도록 규정되어 있다고 합니다. 얼마 전 미국에서는 불임으로 고민하던 어떤 여성이 20년이나 된 냉동배아를 자궁에 착상시켜 건강한 아들을 낳은 사례가 있다는 말을 들었습니다. 20년 동안 냉동 상태로 보관 중이던 배아도 건강한 아이가 되었는데, 어떻게 배아를 연구용으로 사용하고, 또 폐기한다는 것인지…….

저희 부부는 배아를 연구 목적으로 사용하거나 임의로 폐기하는 것은 배아의 생명권을 침해하는 것이라는 생각이 들었습니다. 현재 우리나라 생명윤리법에서는 수정한 지 14일이 안 된 배아는 인간으로 보지 않고 세포 덩어리로 본다고 합니다. 저희 부부는 이러한 생명윤리법의 위헌성을 고치기 위해 헌법소원을 청구하려고 합니다. 수정한 지 14일이 안 된 배아에게도 출생한 인간과 같은 헌법적 권리를 인정하고 연구용으로 사용하거나 폐기하는 것을 금지하도록 법을 고쳐 주세요. 왜냐하면 인간의 생명은 정자와 난자가 수정된 순간부터 시작되니까요. 배아도 우리 인간의 근원으로서 그 존엄성을 보호받아야 한다고 생각합니다.

그래,
배아 줄기세포는 생명공학이 선물해 준 꿈의 치료제야

꿈의 치료제 – 배아 줄기세포

2004년, 황우석 박사가 세계 최초로 배아 줄기세포를 배양했다는 소식으로 우리나라가 떠들썩했었지요. 모든 국민이 배아 줄기세포 실험 성공을 기뻐하며 우리나라가 과학 강대국이 될 거라는 꿈에 부풀었습니다. 황우석 박사의 논문이 조작됐다는 사실이 밝혀진 후 줄기세포에 대한 관심이 줄어들긴 했지만, 여전히 배아 줄기세포는 생명공학 학계나 의료계의 매우 중요한 연구 주제입니다. 왜냐하면 배아 줄기세포를 이용한 치료법이 지금까지의 약물치료와 수술을 대체할 만한 획기적인 치료법이 될 수 있기 때문입니다. 손상된 심장 세포에 효과가 미미한 약물을 오랜 기간 투여하는 게 아니라 아예 새로운 심장 세포를 생기게 해서 건강한 심장으로 돌려놓을 수 있다면 심장 질환을 앓고 있는 환자들에게는 그보다 더 기쁜 소식은 없

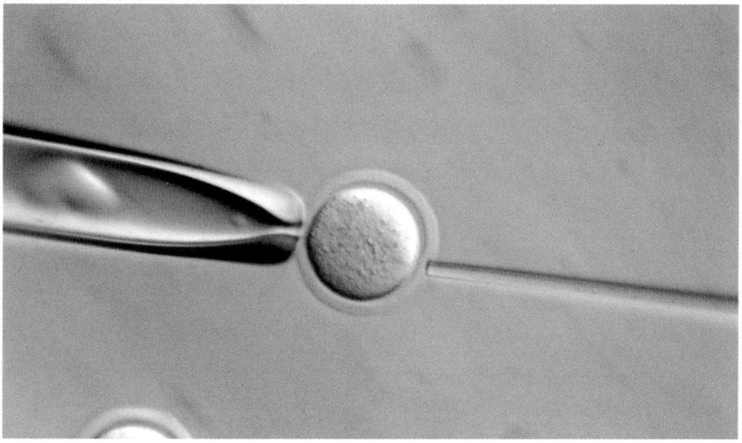

겠지요. 척수■신경의 손상으로 마비가 온 사람이 새로운 척수신경이 자라나 다시 걸어 다닐 수 있게 된다면 어느 누가 그런 신기술을 마다할까요? 꿈만 같은 이야기지만, 이것이 바로 생명공학계에서 배아 줄기세포를 이용하여 앞으로 하고자 하는 일들입니다.

■ **척수**
척추동물에서 뇌와 함께 중추신경계를 구성하는 신경세포 집합체. 척수는 등뼈인 척추 안쪽에 있는데, 척수가 손상되면 몸이 마비되어 움직이지 못한다.

실제로 2018년 영국 과학자들과 의학자들이 줄기세포를 이용해 환자들의 시력을 부작용 없이 회복시키는 연구에 성공했습니다. 이들은 배아 줄기세포로 배양한 망막세포를 60대와 80대 노인의 눈에 이식했습니다. 바로 앞에 있는 사람도 몰라보던 노인들이 신문을 읽을 수 있게 되었지요. 연구진은 이 기술을 5년 내에 정착시켜 치료에 이용할 수 있게 하겠다고 밝혔습니다. 그렇다면 배아 줄기세포는 무엇이기에 이러한 기적 같은 치료를 가능하게 하는 것일까요?

배아 줄기세포란 무엇일까

우리 몸의 모든 세포는 기원을 거슬러 올라가면 수정란이라는 하나

■ **난할**
수정란이 연속적으로 빠르게 세포분열을 하는 것. 난할을 통해 생긴 각각의 세포들은 할구라고 하며, 난할을 거듭해 상실배를 형성한다.

■ **배반포**
수정란이 세포분열을 계속해 세포 수를 늘려가다가, 수정 후 5일 정도가 되면 안쪽으로 30~40개의 세포들이 만들어지고, 바깥의 세포들은 태반을 형성할 영양 세포층이 되는데 이것을 배반포라고 한다. 배반포 안쪽의 세포들이 바로 배아 줄기세포이다.

의 세포에서부터 시작되었습니다. 그리고 수정란은 난할■을 통해 2세포기, 4세포기, 8세포기를 거쳐 상실기, 포배기, 낭배기가 되지요. 이 중 포배기는 세포들(할구)이 표면에 층을 만들어 배열하여 안쪽에 빈 공간이 생기는 시기인데, 이 세포들 중 바깥 부분의 세포들은 자궁과 함께 태반을 형성하게 되고, 안쪽의 세포들(inner cell mass, ICM)은 장차 분화되어 여러 가지 기관을 형성하면서 태아를 형성하게 됩니다. 이 안쪽의 세포들을 배아 줄기세포라고 부릅니다. 이 시기를 배반포■라고도 하는데, 포유동물의 경우 이 시기가 자궁벽에 착상하는 시기이기도 하지요.

세포들은 자궁에 착상한 이후 앞으로 자신이 어떤 세포가 될지 그 운명이 정해집니다. 일부는 신경세포로, 일부는 피부 세포로, 일부는 근육세포로……. 그리고 한번 운명이 정해지면 다른 세포로 운명을 바꾸는 것이 불가능하지요. 그러나 자궁에 착상하기 전 단계의

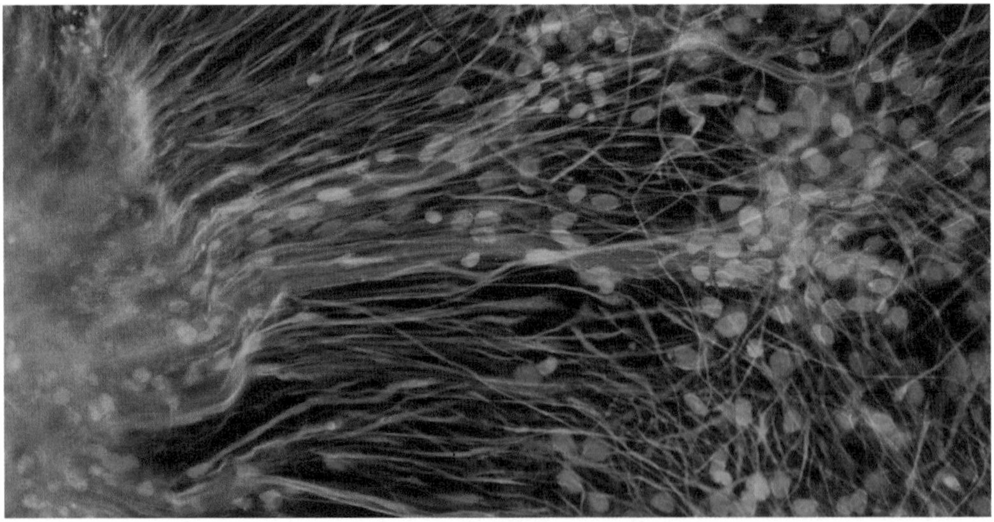

배아줄기 세포에서 파생된 신경세포

배아 줄기세포는 아직 특정한 세포로 분화 과정을 거치지 않은 세포입니다. 따라서 우리 몸에 있는 어떤 종류의 세포로도 분화될 수 있는 가능성을 가집니다. 만약 이 시기의 배아를 자궁에 착상시키지 않고 실험실에서 특별한 자극을 주면서 배양하면 우리가 원하는 세포, 더 나아가 우리가 원하는 조직이나 기관을 만들 수도 있습니다. 배아 줄기세포를 배양하여 손상된 심장 세포를 새로운 심장 세포로 바꿀 수도 있고, 척수마비가 온 사람을 걷게 만들 수도 있지요. 4차 산업혁명 기술인 3D 바이오프린팅 기술과 융합해 자신이 현재 가진 장기와 크기 · 모양이 똑같은 장기를 만들 수 있는 가능성도 커지고 있습니다.

이런 이유로 생명공학 학계와 의료계에서 배아 줄기세포에 대한 연구를 포기하지 못하는 것입니다. 난치병으로 고생하고 있는 환자들에게는 '꿈의 치료제'가 될 테니까요.

배아 줄기세포의 이용

배아 줄기세포 연구는 일반적으로 치매라고 알려진 알츠하이머병■의 치료에 유용하게 이용될 수 있습니다. 우리나라도 고령화로 인해 치매에 걸린 노인의 비율이 지속적으로 늘고 있습니다. 2018년 우리나라 65세 이상 노인 인구 중 약 75만 명이 치매를 앓고 있는 것으로 추정되는데, 이는 전체 노인의 10퍼센트에 해당합니다. 2039년에는 200만을 넘어서 전체 노인의 15퍼센트가 치매를 앓게 될 것이라고 하지요. 배아 줄기세포 연구는 치매에 대한 대책을 마련할 수 있는 획기적인 방안이라고 할 수 있습니다.

또한 배아 줄기세포는 당뇨환자의 인슐린■ 분비 세포에서 퇴행성

■ **알츠하이머병**
노인에게 치매를 일으키는 가장 흔한 질환. 무관심, 언어 장애, 기억 장애, 심한 단기 기억상실, 판단력 장애 등을 거쳐 정신 기능을 상실하게 된다. 일단 발병하면 치료법이 없다. 독일 신경 병리학자 알로이스 알츠하이머의 이름을 땄다.

■ **인슐린**
이자의 랑게르한스섬 β세포에서 분비되는 호르몬인 인슐린은 혈액 속 포도당의 양을 일정하게 유지시킨다. 인슐린 분비에 이상이 생기면 당뇨병에 걸린다.

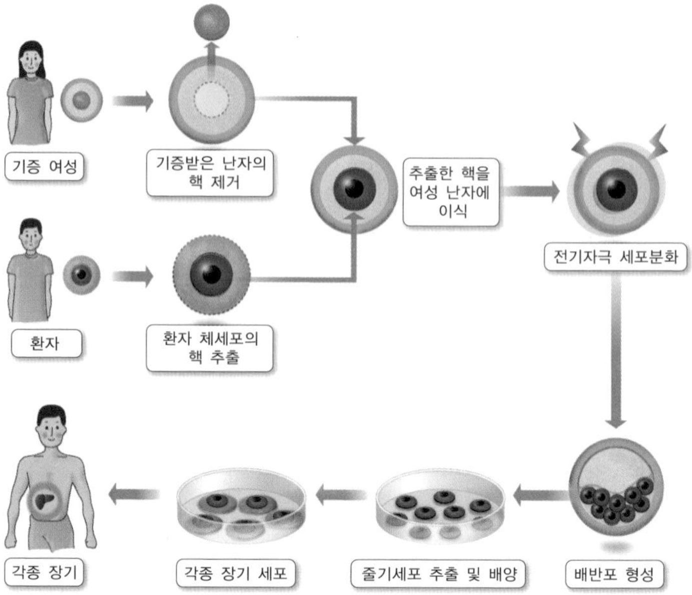

체세포 핵이식으로 맞춤형 배아 줄기세포를 만드는 과정

뇌 질환 신경세포까지 다양한 세포로 분화할 수 있으며 미래에는 간이나 심장과 같은 기관으로까지 성장시킬 수 있을 것이라 전망되고 있습니다. 그러므로 배아 줄기세포가 치매뿐 아니라 암이나 다른 질병을 치료하는 데 만능 해결사가 될 날도 머지않았습니다.

더구나 체세포 핵이식이라는 방법을 이용하면 난자와 체세포만으로도 배아 줄기세포를 얻을 수 있습니다. 체세포 핵이식이란 유전물질(핵)을 완전히 제거한 난자에 체세포의 핵을 주입시킨 후 전기 자극을 가해 난자를 활성화시켜 정상 개체로 발생하도록 유도하는 기술입니다. 우리 몸에 외부의 세포가 이식되면 우리 몸은 이식된 세포를 이물질로 인식하여 면역 거부반응■을 일으킵니다. 그런데 체세포 핵이식을 통해 만들어진 복제 배아 줄기세포는 체세포를 제공한

■ **면역 거부반응**
인체에 자신의 조직이 아닌 외부 이물질이 들어올 때 면역 시스템이 이를 식별하여 제거하거나 공격하는 반응. 다른 사람 또는 다른 동물의 장기를 이식할 경우 나타난다.

사람과 동일한 유전자를 갖는 세포이기 때문에 면역 거부반응이 없습니다. 배아 줄기세포는 그동안 세포와 장기이식에서 심각한 문제였던 면역 거부반응을 극복할 최선의 길인 것입니다.

배아 줄기세포는 임상 실험의 위험을 줄이는 데에도 유용하게 쓰일 수 있습니다. 난치병 치료 시약이 개발되면 보통 동물실험을 거친 뒤 1·2·3차 임상 실험을 거치게 되는데, 사람을 대상으로 한 임상 실험은 위험 부담이 큽니다. 그러나 동물실험 단계에서 임상 실험으로 넘어가기 전에 줄기세포에 먼저 적용해 본다면 인체에 대한 위험부담은 줄이면서 신속하고 정확하게 효과를 검증해 볼 수 있겠지요.

또 배아 복제를 통해 복제 동물을 만들면 우량 동물을 번식시킬 수 있고, 멸종 동물을 보전할 수도 있습니다. 하루에 엄청난 양의 우유를 생산하는 젖소를 만들 수도 있고, 멸종 위기의 백두산 호랑이도 되살릴 수 있지요. 배아 복제 연구는 의학, 축산학, 생태학적 측면에서 무궁무진한 혜택을 줄 수 있는 기술임에 틀림없습니다.

배아 줄기세포는 이론상 216가지의 조직으로 분화할 수 있는 만능 세포입니다. 또한 특별한 조건에서 배양할 경우 무한대로 세포증식이 가능하며, 노화가 되지 않는 세포입니다. 따라서 한 개의 배아 줄기세포만으로도 수많은 환자의 치료에 이용될 수 있으며, 오랜 기간 배양해도 염색체■의 이상이 나타나지 않아 의학적으로 이용 가치가 높은 획기적인 방법이라 할 수 있지요.

■ **염색체**
세포의 핵 속에 존재하는 실 모양의 염색사가 응축하여 나타나는 막대 모양의 구조물.

그런데 이처럼 무궁무진한 가능성을 가진 배아 줄기세포 연구를 반대하는 사람들이 있습니다. 아무리 가치 있는 연구라 해도 배아 역시 사람과 마찬가지로 하나의 생명이기 때문에 줄기세포 연구는 배아의 생명권을 침해하는 비도덕적인 행위라는 것이지요. 더구나 이러한 배아 연구는 결국 난자 매매나 복제 아기 등 인간 생명의 상품화로 이어질 것이라고 주장합니다. 그러나 과연 배아 줄기세포들의 덩어리인 배아에게 생명이 있다고 볼 수 있을까요?

줄기세포는 단지 세포 덩어리

■ **생명윤리 및 안전에 관한 법률**
인간 배아 복제 연구에 대한 허용과 규제를 정한 법률. 인간 복제 행위는 금지하고 치료 목적의 줄기세포 연구는 제한적으로 허용하는 내용을 담고 있다.

■ **원시선**
뇌와 척수로 분화되는 원시 신경관의 윤곽. 수정 후 14일 정도에 생긴다. 이 부분이 신경계의 기능을 하려면 적어도 60일 이상 더 지나야 한다.

현재 우리나라의 '생명윤리 및 안전에 관한 법률■'에서는 원시선■이 생기지 않은 수정한 지 14일이 안 된 배아에 대해서는 생명이 없다고 보고 연구와 의료용으로 사용할 수 있도록 규정하고 있습니다. 수정한 지 14일이 안 된 배아는 단지 몇백 개의 동일한 세포들의 집합에 불과하기 때문입니다. 우리가 우리 몸의 일부인 살이나 뼈를 따로 떼어 놓고 인간이라고 하지 않듯이 몇백 개의 세포 덩어리인 배아를 인간이라고 볼 수는 없지요. 더군다나 자궁에 착상하기 전의 배아를 인간이라고 할 수는 없습니다. 착상은 일반적으로 수정 후 일주일을 전후하여 일어납니다. 따라서 착상되지도 않은 배아를 연구에 사용하는 것은 아무런 문제가 없는 것이지요.

연구용으로 사용하는 배아는 주로 체외수정으로 시험관 아기를 만드는 과정에서 생긴 잉여 배아나 체세포 핵이식을 통해 만들어진 배아입니다. 체외수정을 할 때 한 번에 여러 개의 수정란을 만들기 때문에 착상에 이용되지 않은 배아들은 결국 폐기시켜야 합니다. 폐기될 배아를 연구용으로 사용하면 수많은 불치병 환자들을 고칠 수 있습니다. 그런데 아직 인간이 되지도 않은 세포 덩어리인 배아도 생명이라고 주장하면서 연구를 막는 것은 불치병으로 고생하는 더 많은 사람들의 생명권을 무시하는 일이 아닐까요?

2018년 전 세계적으로 진행 중인 300여 건의 상업용 줄기세포 연구 중 46건의 연구가 우리나라에서 이루어지고 있습니다. 미국에 이어 세계 2위의 줄기세포 연구 국가인 것이지요. 2017년 판매 승인된 줄기세포 치료제 7건 중 4건이 한국제품이라는 사실도 알고 있나요? 배아 줄기세포 연구가 더욱 자유롭게 허용된다면 당연히 더 활발한 연구가 가능하게 될 것입니다.

가치 있게 이용함으로써 존중할 수 있다

생명권을 침해하지 않기 위해 성체 줄기세포■나 유도 줄기세포■만 연구하자는 사람들도 있지만, 인체의 모든 세포로 분화될 가능성과 무제한 복제 능력을 지닌 배아 줄기세포 연구가 줄기세포 연구의 핵심입니다. 배아를 연구한다고 해서 배아를 우리가 원하는 대로 마음껏 사용하거나 조작하자는 것이 결코 아닙니다. 인간 생명의 최초의 가치를 품은 배아를 난치성 질환을 치료하고 고통받는 사람들에게 희망을 주는 원천으로 이용하자는 것입니다. 배아 줄기세포의 연구와 연구용 복제를 허용하되 인간 복제와 난자와 수정란의 상품화를 법으로 규제하는 등 적절한 조치를 취한다면, 배아 줄기세포 연구는 우리의 인간에게 커다란 선물이 될 것입니다.

배아 줄기세포 연구나 배아 복제를 원천적으로 차단한다는 것은 생명공학 연구를 포기하는 것과 마찬가지입니다. 더구나 우리나라처럼 인적 자원이 중요한 나라에서 국가 경쟁력을 높일 수 있는 연구를 금지한다면 이는 국가적으로도 엄청난 손실일 것입니다. 배아 줄기세포 연구를 통한 치료가 우리에게 가져다줄 성과는 뉴턴의 '만유인력의 법칙'이나 아인슈타인의 '상대성 원리'에 버금가는 세계 과학사에 남을 만한 위대한 업적이 될 것이기 때문입니다.

■ **성체 줄기세포**
분화가 끝난 조직 속에 존재하는 줄기세포. 혈액, 신경, 근육 등 제한된 종류의 세포로만 분화되어 예측 가능하다.

■ **유도 줄기세포**
역분화 기술로 얻은 줄기세포.

"오래된 숲을 존중한다는 것은 우리가 쓸 목적으로 나무 한 그루라도 베어서는 안 된다는 뜻이 아니라 숲의 가치를 존중해 진정 가치 있는 일에 나무를 사용하는 것이다. 배아 줄기세포의 사용 목적을 제한한다면 나는 배아 줄기세포 연구를 찬성한다."
- 마이클 샌델, 『생명의 윤리를 말하다』에서

아니야,
배아 줄기세포 연구는
생명의 존엄성을 해치고 있어

아직 넘어야 할 산이 많은 배아 줄기세포 연구

건강했던 사람들이 한순간에 불구가 되었을 경우, 그들이 겪는 육체적·정신적 고통은 우리의 상상을 초월할 것입니다. 그런데 배아 줄기세포 연구가 뇌성마비, 당뇨병, 선천성 면역 결핍증 등의 난치병을 앓고 있는 사람들에게 희망을 줄 수 있다는 이야기가 들려옵니다. 이에 배아 줄기세포 연구가 학계와 의료계의 주목을 받고 있습니다.

그러나 배아 줄기세포 연구는 의료기술 측면에서 아직 넘어야 할 산이 많습니다. 배아 줄기세포는 분화 과정이 쉽고, 결과를 빨리 얻을 수 있다는 장점이 있으나 분화에 대한 조절이 어렵고 부적합한 분화가 진행될 수도 있으며, 분화된 후에도 안정적 상태를 유지하면서 지속적인 줄기세포를 얻기가 매우 힘들기 때문입니다. 우리나라에서 판매 허가를 받은 줄기세포 치료제는 2001년 급성심근경색 치료제를 시작으로 2012년 퇴행성 무릎연골 치료제, 2014년 루게릭병 치료제 등이 있습니다. 하지만 아직은 효과가 충분하지 못해 실제 환자 치료에 많이 이용되지 않고 있습니다. 배아 줄기세포가 난치병 치료용으로 개발되어 하반신 마비 환자가 벌떡 일어나 걷고, 치매 환자가 말짱하게 정상으로 돌아오는 일이 일어나기 위해서는 아직 많은 시간과 연구가 필요한 것이지요.

수정되는 순간만이 생명의 시작점, 혁명적인 시점이다

의료기술적인 문제는 시간이 흐르면 해결될 수 있을지 모릅니다. 그러나 배아 줄기세포 연구에서 이런 기술적인 문제보다 더 중요하고 본질적인 문제는 바로 '인간이 될 가능성을 지닌 배아'를 이용한다는 데에 있습니다. 연구용으로 사용하는 배아는 주로 인공수정 후에 남은 잉여 배아, 또는 연구 목적으로 체세포 핵이식이나 체외수정을 통해 만들어진 배아입니다. 이러한 배아는 자궁에 착상이 되면 인간으로 탄생할 수 있게 됩니다. 즉, 이 배아들도 엄마 뱃속에서 40주간 자라나고 나면 우렁찬 울음소리를 내며 이 세상에 태어날 수 있는 '생명체'인 것입니다.

그럼에도 현재 우리나라의 '생명윤리 및 안전에 관한 법률'은 원시선이 나타나기 전까지의 배아에 한하여 불임 치료법 및 피임 기술의 개발을 위한 연구와 희귀·난치병의 치료를 위한 연구에 배아를 이용할 수 있게 규정하고 있습니다. 이에 따라 학계와 의료계에서는 원시선이 나타나는 시점을 수정 후 14일로 보고, 수정한 지 14일이 안 된 배아를 연구 목적으로 이용하고 있지요. 그러나 수정한 지

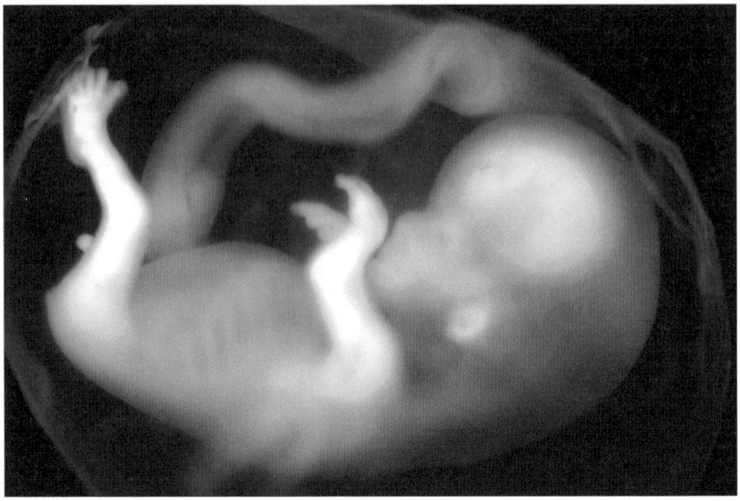

14일이 안 된 배아를 생명체가 아닌 세포 덩어리로 보는 입장에는 오류가 있습니다. 왜냐하면 수정부터 출생까지의 기간 중 어느 시점에서 인격이 생기기 시작하는지 확정된 지점이 없기 때문입니다. 만약 배아가 인격이 아니라면, 우리는 도대체 언제 인격체가 되는 것일까요?

수정한 지 14일이 안 된 시기까지는 원시선이 생기지 않으니 생명체로 보기 어렵다는 논리는 어떨까요? 원시선은 나중에 뇌와 척수로 분화되는 원시 신경관의 윤곽일 뿐입니다. 따라서 원시선으로 생명이 있느냐 없느냐를 판단하는 것은 문제가 있습니다. 원시선은 수정 후 14일 째에 갑자기 생기는 게 아니라 수정 후 24시간이 되었을 때 작은 점으로 나타난 다음 조금씩 길어지면서 점차적으로 드러나 보입니다. 원시선만을 기준으로 배아를 생명체로 본다는 것은 13일의 원시선은 인간 생명이 아니고 15일의 원시선은 인간 생명이라는 이야기가 되는데, 13일의 원시선과 15일의 원시선이 생명이냐 아니냐를 구분 지을 정도로 차이가 있는 것은 아닙니다. 더구나 개체에 따라서는 원시선의 발현 과정에 시간의 차이가 생기기도 하니, 원시선이 생기는 14일을 인간 생명의 시작으로 보는 견해는 논리적으로도 의학적으로도 타당하지 않지요.

착상의 시점으로 생명을 논하는 관점에도 문제가 있습니다. 배아연구를 찬성하는 사람들은 수정한 지 7~8일 후 착상이 일어나는 시점을 기준으로 배아에게 생명이 있는지 없는지를 결정합니다. 수정 후에 양분과 산소를 공급받기 위해 착상의 과정이 반드시 필요하지만, 그렇다고 착상 이전에는 생명이 아니라는 주장은 설득력이 없습니다. 착상을 전후로 해서 생명체의 본질이 달라지거나 연속성이 끊어지는 것은 아니기 때문이지요.

착상이나 원시선 발현은 배아가 수정된 이후의 성장 과정과 관련된 문제이지, 생명체의 본질과 관련된 문제는 아닙니다. 정자와 난자가 만나서 수정란이 되든지, 혹은 체세포 핵이식처럼 어떤 핵을 난자에다 집어넣은 후 전기 충격을 가해 인간 배아를 만들든지 간에, 수정과 전기 충격 이후의 시점부터 인간 배아는 태아로 커 나가는 변화의 연속선상에 있습니다. 결국 수정되는 순간이나 전기 충격을 가하는 순간만이 생명에 있어서 혁명적인 변화가 일어나는 시점, 다시 말해 '생명의 시작점'이라 할 수 있으며, 그 이후에는 생명인지 아닌지를 구분할 만한 혁명적인 시점을 찾을 수 없는 것입니다.

유전학이 발달되면서 수정이 되는 순간, 또는 체세포 핵이식이 이루어지는 순간 46개의 염색체가 완성된다는 것이 밝혀졌습니다. 46개의 염색체가 완성된 다음부터는 영양분과 산소만 공급되면 염색체에 새겨진 설계도대로 자라날 따름입니다. 다시 말해 생명의 근원은 수정란, 또는 체세포 핵이식으로 만들어진 인간 배아이며 거기에는 앞으로 발현될 장기의 모양이나 형체가 다 들어 있는 것입니다.

배아 복제는 복제 인간으로 이어진다

배아 복제는 곧 복제 인간을 만드는 실험을 불러올 수 있습니다. 치료 목적의 배아 줄기세포를 만들기 위해서는 여성의 난자에 환자의 체세포 핵을 이식해야 하는데, 이렇게 만들어진 배아 줄기세포는 체세포를 제공한 환자와 똑같은 유전자를 갖습니다. 이는 곧 복제 인간을 만들 수도 있음을 뜻합니다. 그동안 복제 양 돌리를 비롯하여 소, 원숭이, 개 등 여러 동물들을 복제하는 데 성공한 상태이므로 복제 성공률이 점점 높아질수록 복제 인간의 등장을 우려할 수밖에 없는 상황입니다.

강력한 법으로 인간 복제를 금지시킬 텐데 어느 과학자가 그런 실험을 하겠느냐고 반문하는 사람도 있겠지요. 그러나 어떤 악의가 있어서가 아니라 단순한 과학적 호기심으로 어느 지하 실험실에서, 또는 아직 생명윤리법의 규제가 없는 어느 나라의 미친 과학자가 아무도 모르게 복제 인간을 만들려는 실험을 할 수도 있지 않을까요? 실제로 유전자가위 편집기술이 발달하자 2018년 중국의 과학자 허젠쿠이가 세계 최초로 유전자를 편집한 쌍둥이 아기를 탄생시켜 전 세계를 충격에 몰아넣은 일이 있었습니다. 복제 인간을 만드는 기술이 과학자의 손을 떠나 특정한 목적을 가진 사람이나 집단에게 넘어간다면 그 후에 펼쳐질 일은 상상만으로도 끔찍합니다. 영화 〈가타카〉나 〈아일랜드〉에서 묘사된 혼란스런 사회의 모습이 우리 앞에 펼쳐질 수도 있는데, 이런 엄청난 위험을 불러올 수 있는 배아 복제 연구를 계속해야 할까요?

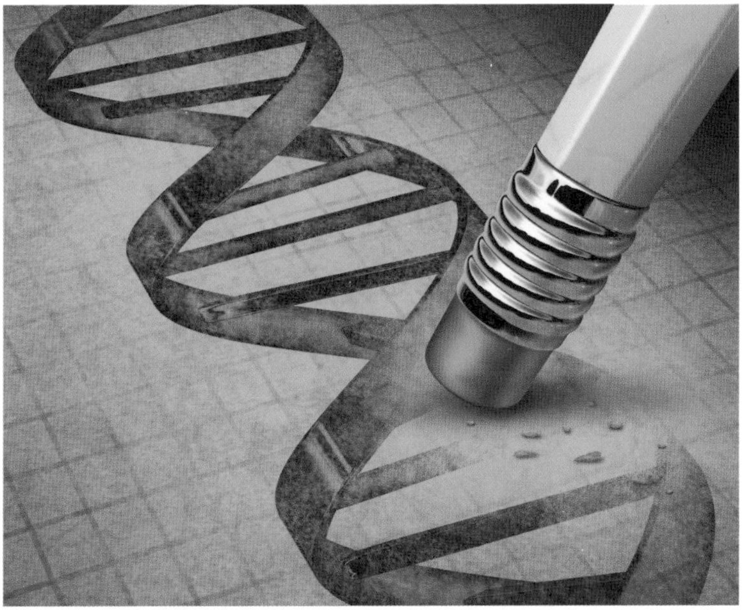

체세포 핵이식 과정에서 꼭 필요한 난자를 얻는 문제

배아 줄기세포 연구에서 또 하나 간과할 수 없는 문제는 '체세포 핵이식 과정에서 필요한 여성의 난자를 어떻게 구할 것인가?'입니다. 정자는 한 번에 약 4억 개를 얻을 수 있지만 난자는 한 달에 한 개밖에 배란되지 않기 때문에 10개 정도의 난자를 얻기 위해서는 과배란 유도제■를 주사하고 전신마취를 한 후 채취해야 합니다. 이 과정에서 여성의 몸에 큰 무리가 따르게 되고, 시술 후에는 후유증이 생길 수도 있지요. 외국의 경우, 시험관 시술을 받을 때에도 한 번에 적출할 수 있는 난자의 개수와 체외수정을 통해 수정란을 만들 수 있는 개수를 엄격히 제한하고 있습니다. 그러나 우리나라에서는 난자가 얼마나 적출되고, 어떻게 관리되는지도 제대로 알 수 없는 상황

■ **과배란 유도제**
자연 상태에서는 여성의 몸에서 한 달에 1개의 난자가 배란되지만, 과배란 유도제를 맞으면 배란되는 난자의 갯수가 증가하게 된다.

입니다. 그러니 난자 매매까지 합법화된다면 여성의 몸은 체세포 배아 복제를 위한 난자 공급처로 취급될 것입니다.

게다가 난자를 팔아 돈을 얻고자 하는 여성은 대부분 가난한 여성, 특히 제3세계의 가난한 여성일 것입니다. 현재 난자 매매를 위한 사이트에서는 난자를 팔려는 여성에게 건강 상태와 질병 경력뿐만 아니라 인종, 키, 나이, 학력, 심지어 IQ까지 요구하고 있으며, 이를 바탕으로 난자의 가격을 매기고 있습니다. 난자 매매 과정에서 가난한 여성의 인권은 철저히 무시되고 있는 것이지요.

배아 줄기세포의 대안, 성체 줄기세포

배아 줄기세포 연구의 대안은 없는 것일까요? 그렇지 않습니다. 성체 줄기세포는 배아 줄기세포가 가지는 윤리적인 문제를 피하면서도 의학적으로 연구 가치가 있습니다.

성체 줄기세포■란 성인이 된 몸의 각 부위에 존재하는 줄기세포를 말합니다. 우리 몸에 상처가 생겼을 때 시간이 지나면 상처가 아물고 새로운 피부가 생기는 것은 피부 아래쪽에 피부 세포를 만들 수 있는 성체 줄기세포가 있기 때문이지요. 성체 줄기세포는 제대혈■이나 골수, 혈액 등과 같이 분화가 끝난 조직 속에 극소량 섞여 있습니다. 특히 제대혈에는 혈액을 만들어 내는 조혈모 세포뿐 아니라 연골, 뼈, 근육, 신경 등을 만드는 성체 줄기세포가 들어 있어 이를 의학적으로 활용하는 방안이 활발히 연구 중입니다.

성체 줄기세포는 이식할 때에도 자기 몸에서 추출한 세포이기 때문에 면역 거부반응이 발생하지 않으며, 이식했을 때 주변 조직의 특성에 맞게 분화하는 능력이 있습니다. 또 신체 조직에 어떤 손상

■ **성체 줄기세포**
뼈와 간, 혈액 등 구체적 장기의 세포로 분화되기 직전의 다기능 줄기 세포.

■ **제대혈**
태아를 분만할 때 탯줄에서 얻을 수 있는 혈액.

이 발생하면 다른 장기에 있던 줄기세포가 몰려와서 손상된 조직으로 변하는 분화의 유연성도 있습니다.

이미 발현된 세포를 역분화하여 줄기세포로 만드는 유도만능 줄기세포 연구 방법도 활발히 연구 중입니다. 역분화란 성인의 체세포에 조작된 유전자를 주입하여 체세포를 세포 생성 초기의 줄기세포 단계로 만드는 기술입니다. 실제로 일본 과학자 야마나카는 배아 줄기세포의 윤리적 문제를 뛰어넘을 수 있는 유도만능 줄기세포 연구를 성공시켜 2012년 노벨 의학상을 수상했습니다. 2014년에는 유도만능 줄기세포 연구를 통해 시력을 잃어 가는 노인을 치료하는 실험에 성공했고, 2018년에는 타인의 유도만능 줄기세포를 신경세포로 분화시켜 파킨슨병에 걸린 환자의 뇌에 이식하는 연구를 진행했습니다. 기술의 발달로 성체 줄기세포도 배아 줄기세포와 마찬가지로 얼마든지 다양하게 이용할 수 있다는 것을 보여준 것이지요. 앞으로는 역분화를 통해 만든 유도만능 줄기세포를 심장, 혈관, 신경세포 등에 필요한 세포로 분화시켜 자가 세포 치료를 하는 것도 가능해질 것으로 전망됩니다. 물론 역분화 기술의 원리를 이용하면 줄기세포 유도에 그치지 않고 인간 복제 연구로 넘어갈 수도 있습니다. 하지만 생명권을 침해하는 배아 줄기세포 연구를 반대하고 대안적으로 진행되는 연구이므로, 연구자들의 생명윤리 의식이 높아 책임 있는 규제가 잘 이루어질 것으로 기대됩니다.

생명과학의 바탕은 인간 생명의 존중

배아 줄기세포 연구는 난치병 환자들의 인권을 존중한다는 명목 아래 수많은 배아들의 생명권을 무시하며 진행된 연구라 할 수 있습니다. 인간 생명체인 배아를 복제하여 질병 치료에 이용하는 것은 결국 인간의 생명을 인위적으로 조작하여 한 인간을 다른 인간을 위한 수단으로 이용하는 행위이기 때문입니다. 배아 줄기세포 연구를 찬성하는 사람들은 어떻게 난치병으로 고통받는 환자들의 아픔을 외면할 수 있느냐고 비난합니다. 그러나 배아 줄기세포 연구를 반대한다고 해서 난치병 환자의 고통을 외면하는 것은 아닙니다. 희귀병과 난치병 치료를 위한 연구와 실험은 절실하지만, 그 연구와 실험이 인간의 존엄성과 생명을 존중하지 않은 채 이루어지는 것에 반대하는 것일 뿐입니다. 배아 줄기세포 연구는 근본적으로 생명을 파괴하고 인간의 존엄성을 정면으로 거스르는 행위입니다. 한 생명을 치료하기 위해 다른 생명을 제삼자의 인위적 개입으로 희생시키는 방법이기 때문입니다.

입장 정하기

● 두 글에서 주장의 근거로 제시한 내용을 각각 요약해 봅시다.

● 다음 쟁점에 대하여 자신의 입장을 정하고 근거를 제시해 봅시다.

쟁점1 배아 줄기세포는 인간이 아니라 세포 덩어리이다.

	그렇다	아니다
근거		

쟁점2 인공수정 후 폐기될 잉여 배아를 연구에 이용하는 것은 윤리적으로 문제가 없다.

	그렇다	아니다
근거		

쟁점3 우리나라의 국가 경쟁력 강화를 위해 배아 줄기세포 연구를 계속해야 한다.

	그렇다	아니다
근거		

● 2008년 개정된 우리나라의 '생명윤리 및 안전에 관한 법률'은 난자를 기증하는 여성에게 실비 보상을 할 수 있도록 허용하고 있습니다. 이 조항으로 얻게 될 이득과 폐해를 비교하는 표를 만들어 봅시다.

질주하는 과학, 윤리학을 만나다

현대 생명과학과 생명윤리

인체에 대한 지식을 좀 더 많이 얻고 싶을 때, 신약을 개발할 때, 새로운 의술을 시도할 때, 동물 실험만으로 불충분하니 직접 인체 실험을 하겠다고 하면 어디까지 허용될 수 있을까요? 순수한 열정과 호기심을 가진 어떤 과학자가 인간 복제를 시도했다면 용서받을 수 있을까요? 생명과학이 발달하면서 쏟아진 새로운 질문들, 바로 생명윤리의 문제들입니다.

뉘른베르크 강령에서 국제의학기구 지침까지

의사로서 순수한 호기심과 더 많이 알고자 하는 욕구를 위해, 더 많은 환자의 치료를 위해, 난치병 치료를 위해, 의학 발전을 위해, 그리고 더 나아가 국익과 인류에의 도움을 위한 인체 실험이라면? 어차피 죽을 목숨인 전쟁 포로와 죄수들이 그 대상이라면? 실제로 2차 세계대전 당시 23인의 독일 의사와 과학자들은 유대인, 전쟁 포로, 죄수, 정신 질환자, 동성애자를 대상으로 거세, 생체 해부, 독극물 투여 등 잔혹한 인체 실험을 자행했다. 전쟁이 끝나고 뉘른베르크에서 재판이 열리자, 23인의 의사와 과학자는 자신들의 목적은 숭고했다고 주장했다. 그러나 이들은 용서받지 못했다. 그리고 재판부는 '허용 가능한 의학 실험'이라는 제목으로 사람을 대상으로 의학이나 생물학 연구를 할 때 지켜야 하는 원칙을 기록한 뉘른베르크 강령을 발표했다. 인체 실험이 사회에 이익과 선을 가져다 준다 하더라도 최소한의 도덕적, 윤리적, 법적 개념을 충족시키기 위한 원칙을 지켜야 한다는 것이다. 이 선언을 필두로 헬싱키 선언, 벨몬트 보고서, 국제의학기구평의회 지침(CIOMS) 등에서 의학과 생명과학에서 인간을 대상으로 실험을 할 때 인간의 존엄성과 인권을 절대 침해하고 위협해서는 안 된다는 원칙이 세워졌다.

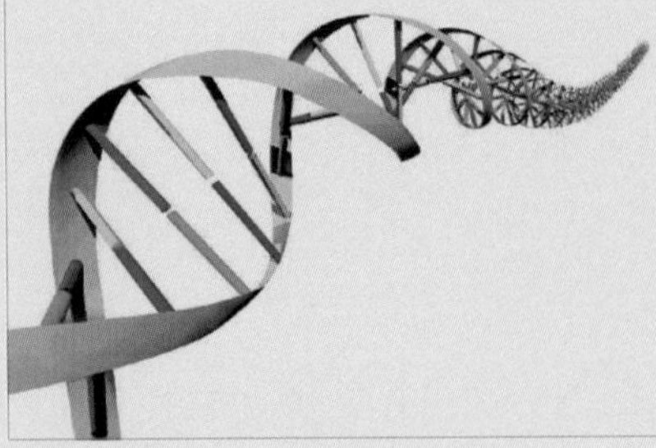

질문으로 가득한 바이오 에틱스의 세계

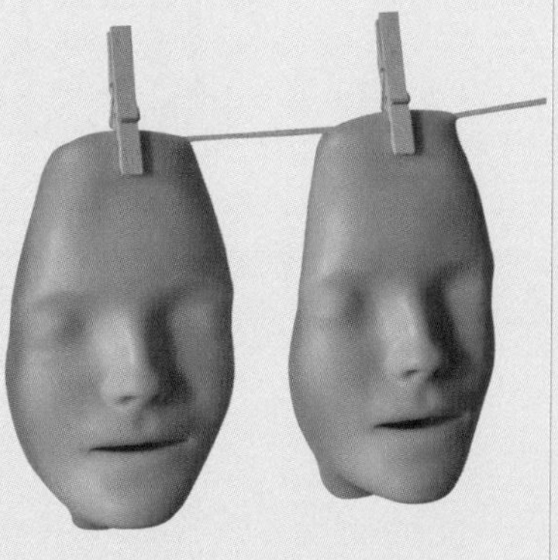

어느 순수한 열정을 지닌 과학자가 돼지의 귀를 쥐의 등에 이식한다면? 쌍둥이 개의 장기와 혈관을 서로 이어 샴쌍둥이로 만드는 수술을 한다면? 그리고 더 나아가 그 호기심의 대상이 돼지나 쥐, 개가 아니라 인간에게까지 미친다면? 이런 일들은 이미 미친 과학자의 호기심을 넘어 현실이 되어가고 있다. TV 뉴스에서 장기이식을 위해 등에 사람 귀가 돋아난 쥐를 보여 주며 과학의 발달을 칭송하고, 미국에서는 청각장애인 동성애 부부가 자신들이 청각장애인이라는 사실을 자랑스럽게 여긴다며 청각장애인에게 정자를 기증받아 청각장애 아이를 출산해 사람들을 경악시키기도 했다. 사람에게 죽음을 선택할 권리가 있는가? 삶과 죽음의 경계는 어디인가? 인간 생명의 시작은 어디인가? 복제 인간은 나인가, 내가 아닌가? 인간 몸의 기계화는 어디까지 가능한가? 우월한 유전자만을 골라 태어날 아이를 디자인하는 것이 허용된다면, 우리가 사는 이 세계는 어떻게 될 것인가? 첨단 기술일수록 비용이 높은데, 그렇다면 가난한 사람들에겐 미래가 없는가? 장기이식이나 대리모, 안락사, 뇌사, 배아 줄기세포, 난자 매매처럼 현재 우리들을 고민에 빠뜨리는 문제들로부터 유전자 선택, 인간 복제, 기억의 조작, 생체 로봇 등 과거에는 상상도 하지 못했던 수없이 많은 새로운 질문들이 인간의 존엄성을 넘어 인간이란 무엇인가에 대해 심각한 질문을 던지고 있다. 생명윤리는 바로 이 질문에 대한 대답이다.

우리가 지켜야 할 마지막 가치

"아무리 훌륭한 목적을 가진 실험이라도 실험 대상이 되는 사람의 자발적인 동의 없이 실험해서는 안 된다. 의료와 생명공학 기술은 사회 구성원 모두에게 정의롭게 분배되어야 한다. 아무리 인간을 위한 실험이더라도 동물을 학대하는 실험은 안 된다". 이처럼 우리는 우리의 몸과 생명, 더 나아가 우리가 몸담고 있는 지구 전체의 생명과 생태계를 존중하는 마음을 가져야 한다. 종교나 문화가 달라도 인간이라면 반드시 지켜야 할 것은 무엇인지, 어떤 것이 인간을 포함한 모든 생명에게 더 나은 미래를 가져다줄 것인지 끊임없이 되물어야 할 것이다.

8 생태적 삶

교실에서 환경을 주제로 보존이냐, 개발이냐를 놓고 찬반 토론이 벌어지면 어떤 일이 일어나나요? 환경 보존에 찬성하는 쪽은 녹색 자연의 아름다움을 강조하는 등 사람들의 감성에 호소하고, 개발에 찬성하는 쪽은 '잘 먹고 잘사는 게 우선이다'라며 경제 논리에 호소하는 천편일률적인 토론이 진행되지요. 도대체 '환경'이란 무엇일까요? 환경과 인간은 분리될 수 있을까요? 과학기술의 발달로 자연 환경의 질이 급격히 떨어지는 것을 실감하게 됩니다. 인간의 편리 때문에 희생된 수질과 공기질에 대해서 정부의 정책 탓을 하고 기술적인 해결책을 바라지만 정작 개인들은 생활 방식의 불편함을 감수할 마음이 별로 없어 보입니다. 광범위한 환경의 질 저하에 누구도 예외일 수 없다는 것을 실감하게 됩니다. 이처럼 모두들 지구 환경의 위기를 이야기하는 오늘날, 환경 보존이냐 개발이냐보다 우리에게 먼저 필요한 것은 '환경' 자체가 무엇인지 다시 생각해 보는 일입니다. 녹색 성장을 외치며 과학기술로 환경을 적극적으로 관리해 삶의 질을 높이자는 사람들과 인간 중심의 오만함에서 한 발짝 비켜나 생명을 가진 모든 것이 제 모습을 유지하도록 하자는 사람들 모두에게 지금 정말로 필요한 것은, 환경이 우리 일상의 삶과 동떨어지면 수식어만 난립할 뿐 진정한 환경 가치가 자리 잡을 수 없게 된다는 깨달음일 것입니다.

생각 열기

인터넷 메신저에서 만나 절친이 된 시골쥐 군과 서울쥐 양이 큰맘을 먹고 서로 사는 곳을 방문하기로 하였습니다. 서울쥐 양이 강원도에서 농사를 짓는 시골쥐 군에게 화상 대화로 농산물 주문을 하다가 친해지게 된 거지요. 시골쥐 군이 먼저 옥수수 배달 택배 상자에 몸을 실어 어마어마한 배달 상자가 모이는 집배장을 거쳐 서울쥐 양이 있는 곳으로 향했습니다. 드디어 도착한 서울쥐 양의 주인집, 물론 서울쥐는 맨발로 뛰어나와 반갑게 맞아 주었지요.

시골쥐 역시 듣던 대로 서울 공기는 영 꽝이야. 여기서 살면 건강도 많이 상하겠다. 우리 종 족 수가 많이 줄었지?

서울쥐 그래도 요즘은 웰빙 열풍이 불어 사람들이 환경에 대한 관심이 많은 편이라 집 안에 공기 청정기도 틀어 놓고 화분도 많이 가꿔서 살 만해. 미세먼지 주의보가 내리면 아예 창문을 닫아 놓는 게 낫지. 요즘에는 창문을 열지 않고도 자동으로 환기가 되는 창문도 있던데?

시골쥐 바깥공기를 안 마시고 산다고? 햇빛도 안 쬐고?

서울쥐 우리 서울쥐들은 햇빛 안 쬐고 산지 꽤 오래됐어. 요즘에는 자외선이 워낙 강해서 겨울에도 썬크림을 발라야 한다고. 게다가 사람들이 집 주변을 아스팔트로 쫙 깔았잖아. 동네 주변에 있는 작은 하천들도 어차피 물도 흐르지 않는 데다 모기가 들끓으니까 콘크리트로 덮어 버렸고. 복개천 위로 새로 뚫린 길들은 교통 체증 해소에도 도움이 되지.

회색빛 콘크리트로 뒤덮인 도시에서 먼 산은 큰맘 먹고 일 년에 몇 번 가 볼까 말까, 큰비나 폭설이 내려도 도시는 며칠 도로 교통 사정이 안 좋을 뿐 비닐하우스가 무너지고 논밭이 물에 잠기는 일은 TV 속 풍경입니다. 농촌과 도시는 점점 멀어지고 미래에는 온도, 빛, 습도가 다 갖춰진 공간에서 알약 하나로 식사를 해결하게 된다는데, 주변 관계와의 단절이 심화되는 도시에서 우리는 어떻게 환경 감수성을 되찾을 수 있을까요? 다음에 이어지는 서울쥐와 시골쥐, 강남쥐와 강북쥐의 이야기를 읽으며 생각해 봅시다.

시골쥐 하천에 살던 쥐들은 이제 지하도 밑에서 두더지가 되겠네. 그럼 그 복개천에서 흘러나온 물을 먹고 산단 말이야? 도시 사람들은?

서울쥐 수도권 사람들이 주로 마시는 하천은 한강의 상류 지역이라서 그런대로 수질이 좋은 편이야. 정수처리장에 사는 친구들 이야기 들어 보니까 각 가정에 수돗물을 공급하기 전에 각종 살균을 위한 오존 처리, 염소라는 약품 처리를 한다더라고. 어쨌든 수도 시설 때문에 옛날에 샘물이나 우물물을 먹던 시절보다는 사람들의 전염병이 많이 줄어들었어. 게다가 요즘에는 집집마다 정수기가 다 있잖아.

시골쥐 그래도 도시 사람들은 옥신각신 살아갈 수밖에 없을 거 같아. 성냥갑 같은 아파트 한 채 장만하는 게 평생의 꿈이라던데. 시골 오면 널찍한 마당에 닭과 개 키우면서 살 수 있는데 말이야.

서울쥐 하지만 농촌은 태풍이 한번 불어닥쳤다 하면 비닐하우스가 주저앉고 논이 물에 잠기고, 요즘처럼 이상기후가 계속 되면 농사짓고 살기가 너무 힘들잖아. 난 그보다는 안전한 도시 생활이 좋아. 또 돈만 있으면 누릴 수 있는 여가 생활이 얼마나 다양하다고. 도시 문제 해결을 위해 많은 기술과 정책들이 쏟아져 나오고 있어. 경제와 환경이라는 두 마리 토끼를 잡는 능력 있는 도시에서 사는 게 나는 좋아. 말을 낳으면 제주로 보내고 쥐를 낳으면 서울로 보내라고, 새끼 쥐를 키우기에도 좋고. 아무렴 볼 거 많고 들을 거 많은 도시에서 키워야지.

강변 둔치에 어둠이 내립니다. 주변이 어둑어둑해질 무렵 한강 시민공원 둔치에 어슬렁어슬렁 쥐들이 기어 다닙니다. 강남쥐 영감은 불어나는 체중을 조절하기 위해 공원 나들이를 하던 중에 젊은 시절 한 동네에서 살던 강북쥐 영감을 우연히 만났습니다. 강북쥐 영감은 먼저 간 마누라쥐 생각에 처음 만났던 이곳을 찾았던 거고요. 둘의 고향은 삼별동 어디로, 무척이나 반가운 참입니다.

강남쥐 우리 젊을 적 기억나오? 동네에 꼬맹이들 놀이터였던 애기산이 하나 있었지. 개구쟁이들이 산에 구덩이를 파서 똥물 퍼 놓고는 낙엽으로 덮어 두고 지나가는 사람을 기다리곤 했지. 저녁이면 박쥐가 날아다니고.

강북쥐 동네 야산과 공터를 야금야금 깎아 빌라들을 지어 나갈 때 애기산이 없어지면 동네가 망한다는 흉흉한 소문이 돌았지. 아, 근데 진짜로 애기산까지 먹어 치우더만. 그러고는 외지인들이 많이 들어오니까 정말로 동네 인심이 점점 메말라갔지.

강남쥐 우리 주인집 귀동이도 넓힌 동네 골목길로 들어온 차에 치여 저세상으로 갔지. 그래서 나도 아들 잃은 귀동이네 따라 이곳 강남으로 이사를 왔다오.

강북쥐 나는 삼별동 집값이 오르면서 집값 싼 곳을 전전하는 미순이네 따라 강북으로 갔소. 삼별동 떠나오고는 이사를 하도 자주 다녀서 동네 이름도 다 기억하지 못하겠소.

강남쥐 나도 헷갈리기는 마찬가지라오. 귀동이 아버지는 아들 잃은 슬픔 잊는다고 땅투기, 집 투기에 눈이 멀어 정신없었소.

강북쥐 미순 엄마가 옛날에는 쪼들려서 영 사람이 각박했는데 이 동네에 와서는 사람이 많이 달라졌소.

강남쥐 어떻게 말이오?

강북쥐 미순 엄마가 짠순이라서 집에서는 불 아끼고, 물 아끼고 해도 나가서 내 것 아니면 함부로 썼거든. 집에 쓰레기 모아다 지하철에 갖다 버리고, 체육관 가서 먹는 물 받아오고, 공중화장실 휴지 둘둘 말아 가져 오고. 아, 그렇게 천 원짜리 한 장 남을 위해 쓰지 않던 사람이 노인들을 위해 김장을 해 주더란 말이오.

강남쥐 사람 돼 가네 그려.

강북쥐 그거 뿐인가? 책이며 아이들 옷이며 쓸 만한 물건들은 녹색가게라는 데 갖다 주고 이웃과 바꿔 쓰더란 말이야. 여기는 마을 축제라는 것도 하던데, 가난하고 힘들어도 한 동네 산다는 데 자부심을 갖더란 말이야.

강남쥐 동네라는 말도 들어본 지 꽤 됐어.

강북쥐 더 가관인 건 동네에 애기산보다 더 야트막하더만, 그 산에 아파트를 개발한다고 그래서 땅값이 막 오를 거라고 하더만. 그런데 미순 엄마가 생업도 제쳐 놓고 연일 막으러 다녔잖소. 미순이보고 동생들 챙기라고 해 놓고 뛰어다니데. 옛날 애기산 때처럼 동네가 깨질까 봐 그런가 보오.

강남쥐 뭐하러 그래?

강북쥐 애들이 뛰어노는 산이 있어야 하고, 뭐시냐 그 산에 새도 살고 나무도 산다고, 마을의 정신적인 구심점이라나, 그래서 지켜야 한다고 하면서. 자기 가족 챙기기도 바쁜 세상에 어쨌거나 이 동네 이사 와서 미순 엄마가 변했다니까.

강남쥐 이웃 간에 정이 있으니까 그런가 보네.

강북쥐 동네 슈퍼에서 막걸리도 한잔 같이 하고 동네일을 같이 해 보자는 소리도 오가고, 뭐 한마디로 사람 사는 정이 있다 그 말이네. 그런데 이웃끼리 정이 오가니까 동네에도 정이 들고 동네에 정이 드니까, 동네 뒷산이나 하천이 주인 없는 강산이 아니더라 이 말이지. 미순 아빠도 아침에 동네 한 바퀴 돌면서 눈에 보이는 쓰레기를 꼭 주워 오더만. 미순이는 안 가르쳐 줘도 닭의장풀이며, 애기똥풀, 원추리 꽃 이름을 알고 감자, 참깨, 앵두나무를 요상하게도 알아 맞추더만.

강남쥐 그 뭐야, 한마디로 미순이가 환경 감수성이 뛰어난 게로구먼.

강북쥐 같은 하늘 아래라도 똑같은 서울은 아니구먼.

그래,
환경을 통제하고 관리하면
더 잘 살 수 있어

녹색 성장하는 능력 도시

도시는 에너지 소비, 오염 물질 생산으로 상징되는 지구환경 위기의 주된 배출원이며 우리나라의 경우 90퍼센트 이상의 국민이 거주하고 있는 곳이기도 합니다. 따라서 환경의 질을 개선하기 위한 변화는 도시에서부터 시작되어야 합니다. 그동안 경제 발전을 선순위, 환경을 후순위에 두고 성장해 온 국가들도 이제는 경제와 환경의 조화로운 균형이 국가의 장기적인 경쟁력을 높인다는 확신을 가지고 이를 구체화하는 정책을 마련하는 게 세계적인 추세지요. 도시에서 배출된 쓰레기로 거대한 산을 이루었던 난지도가 월드컵 생태공원으로 변화하는 과정을 보면서 많은 사람들이 기술공학에서 도시환경 개선의 가능성을 볼 수 있었을 겁니다. 사람들의 의식 개선과 이를 뒷받침하는 정책, 대안 기술이 있으면 회색빛 도시를 녹색 도시

ⓒ 연합뉴스

ⓒ aprilwood

1978년부터 15년간 서울시의 쓰레기를 매립했던 난지도가 2002년 생태공원으로 탈바꿈했다.

로 변화시킬 수 있을 것입니다.

국토해양부 통계자료에 따르면 세계의 도시 거주 인구 평균이 50퍼센트 정도이고, 선진국 평균이 60~70퍼센트인데 비해, 우리나라는 전 국토 면적 중 20퍼센트에 해당하는 땅에 전 인구의 90퍼센트 이상이 집중된 고밀도 도시화 사회입니다. 이렇게 좁은 지역에 많은 사람들이 모이다 보면, 자연환경, 공간 환경, 인문 사회 환경의 질이 자연히 떨어질 수밖에 없겠지요. 도심 개발 과정에서 녹지가 산업 주택지로 변경되고, 도시로 포함되는 도시 근교 지역의 농지도 용도 변경■으로 지속적으로 줄어들면서 대기, 수질오염, 도시 열섬 현상■, 주택 부족, 교통 혼잡, 일자리 부족, 과도한 에너지 소비 등 우리에게 익숙한 도시환경 문제가 등장하게 되었습니다.

전 세계적으로 '저탄소 녹색 성장'이라는 슬로건이 도시 문제를 극복하는 비전으로 제시되고 있습니다. 저탄소 녹색 성장이라는 의미는 환경을 희생하는 경제 발전이 아니라 환경의 질을 고려하는 균형 성장을 염두에 두며 도시의 과도한 집중과 확대 그리고 도시의 과도한 에너지 소비로 생기는 제반 도시 문제들을 효율적인 도시 정책과 이를 뒷받침하는 과학기술로 극복해 가자는 것입니다. 에너지와 자원을 절약하고 효율적으로 사용하여 기후변화에 대처하고 환경 훼손을 줄이며 청정 에너지와 녹색 기술의 연구 개발을 통해 새로운 성장 동력을 확보하여 새로운 일자리를 창출해 나가는 등 경제와 환경의 조화를 이루는 성장인 것이지요. 지금부터 도시의 녹색 성장 전략을 알아 볼까요?

■ 용도 변경
주거용 건물에 음식점을 내는 등 건물을 새로운 목적으로 사용하기 위해 지방자치단체의 허가를 받는 일. 용도마다 정화조 크기, 상하수도 요금 등이 규제 조건이 다르다.

■ 도시 열섬 현상
인구와 건물이 밀집되어 있는 도심지의 온도가 다른 지역보다 높게 나타나는 현상. 건축물, 포장도로가 태양열을 더 많이 흡수하고, 대기오염 물질이 온실효과를 일으키며 환기가 어려워 생기는 현상이다.

콤팩트 도시와 대중교통 지향형 도시 개발

그린벨트■는 '도시 공간의 산소 공급', '숲의 심미적 가치 제공', '도시의 오염 물질 정화', '근거리에 도시민의 휴양지 제공', '야생동물의 서식처'와 같은 기능을 담당하는 생태적 가치를 가진 곳입니다. 그러나 우리나라는 구역 지정 단계부터 도시의 허파 기능으로서의 그린벨트 지정 목적 외에도 국가 안보 등의 정치적 이유에 따라 개인의 사유지가 포함됨으로써 그린벨트 지정과 개인의 재산권 행사 사이에 갈등이 있어 왔습니다. 그런 데다 도시민의 주거 대책의 일환인 신도시 개발이라는 이름 아래 그린벨트 지역에 대단지 보금자리주택이 건립되고 있습니다. 따라서 그린벨트가 갖는 국토의 녹지축, 도시의 열섬 현상을 막는 기능, 생물 다양성의 보장 등이 위협을 받고 있습니다.

■ **그린벨트**
인구 집중으로 인한 도시의 지속적인 확장 속에서 도시 주변의 녹지 공간을 보존하기 위해 개발이 제한된 곳.

선 개발, 후 보존의 도시 건설 정책으로 인한 문제점 개선을 위한 녹색 성장 도시의 전략 중 하나로 콤팩트 시티를 들 수 있습니다. 도시 근교의 녹지와 자연환경을 최대한 훼손하지 않기 위해 주거, 직장, 상업 서비스 등 일상적인 도시 기능들을 가급적 기성 시가지 내부로 수용하여 밀집된 개발을 추구하는 도시의 형태를 콤팩트 시티라고 합니다.

세계적인 대도시의 고층 빌딩군이 바로 콤팩트 시티를 상징한다고 할 수 있는데, 이는 '혼합 토지 이용'을 골자로 합니다. 교외 지역을 새로 개발하는 데 드는 비용과 막대한 자원, 그리고 자연 훼손을 최소화하기 위해 동일 토지 내에서 주거, 공업, 상업 기능을 재배치하면 통근 및 일상적인 이동 거리가 단축되면서 화석연료 소비와 오염 물질 방출을 줄일 수 있습니다.

도시로의 인구 집중에 따른 대표적인 문제 중에 하나는 교통 혼잡과 그에 따른 대기오염입니다. 이에 대한 기술적 대안과 정책으로 도시계획 단계에서 제안되는 것이 토지 이용과 교통의 연관성을 강조하고 대중교통 중심의 복합적 토지 이용과 보행 친화적인 교통 체계를 유도하는 것입니다. 쉽게 풀어서 말하자면 도보 가능한 거리 내에 각종 생활 편의 시설들을 밀집시킨다는 것이지요. 직장, 주택, 교육, 쇼핑, 문화 시설 등이 집중되면 장거리 이동을 줄일 수 있다는 것입니다. 주상 복합 아파트를 떠올리면 쉽게 이해가 되지요. 도시의 화석연료 소비는 주로 냉난방과 교통 수송에 집중되어 있습니다. 그래서 대중교통 이용을 유도하기 위해 마련된 대표적인 대중교통 지향형 정책이 버스 전용 차선 도입과 환승 제도 정착입니다. 실제로 도심을 지나는 일부 구간은 승용차보다는 전철이, 전철보다 전용 차선을 달리는 버스의 운행 시간이 더 짧은 구간들이 생겨나고 있습니다. 여기에 도보와 자전거 이용을 통한 교통 시설 접근이 더 쉬워진다면 화석연료 사용으로 인한 여러 환경문제 해결에 기여할 수 있을 것입니다.

그린 빌딩 제도의 도입

설계, 운영의 전 단계에서 에너지 효율과 친환경 자재 사용, 이산화탄소와 폐기물 배출량의 최소화를 고려할 뿐만 아니라 대중교통과의 접근성, 인공 녹화■ 적용 여부, 시공 과정에서 환경에 대한 피해 정도까지 인정 기준을 두고 적합 여부를 따지는 것을 그린 빌딩 인증 제도라고 합니다. 다른 건축법에 비해 비용이 많이 드는 그린 빌딩 시공을 유도하기 위해 정부는 각종 인센티브■를 도입하였습니다. 지방세를 감면해 주거나 냉난방 장비에 대해 장기간 낮은 이자로 돈을 빌려 주거나 용적률■을 높이는 것을 허용해 주기도 하고, 설계 회사가 정부 사업에 입찰할 때 가산점을 주기도 하지요.

그럼 그린 빌딩 내부로 한번 들어가 볼까요? 벽재는 기포 콘크리트를 이용하여 벽에 만들어진 공기층이 내부 단열을 하는 데 도움이 되게 합니다. 우리나라의 흙집과 비슷한 원리이지요. 또 이중 유리창이 빛의 파장에 따라 여름에는 가시광선만 통과시키고, 겨울에는 적외선도 통과시켜 열을 적절하게 통제합니다. 사무 공간과 연결 계단을 남측 창에 위치시켜 실내조명을 켜는 시간을 가급적 줄이고 있고요. 음식물 쓰레기 역시 그냥 배출되는 것이 아니라 발효되어 실내 정원에 퇴비로 사용됩니다.

■ **인공 녹화**
건물의 옥상이나 도로, 광장 등 땅이 아닌 곳에 녹화를 하는 것. 흙이나 인공 토양으로 지반을 만들어 식물을 심는다.

■ **인센티브**
선물, 할인, 쿠폰제도 등 구매를 유도하거나, 성과에 따라 임금을 더 주는 등 각종 혜택을 통해 어떤 행동을 하도록 사람을 부추기거나 장려하는 것을 말한다.

■ **용적률**
토지에 건물을 세울 때 토지 면적에 대한 건축물 면적의 비율. 용적률을 정해 일정한 넓이의 땅에 세울 수 있는 건축물의 크기를 제한하고 있다.

빗물 재처리 시설

도시 면적의 확대는 곧 포장도로의 확장을 의미합니다. 아스팔트와 콘크리트로 뒤덮인 도로는 빗물이 땅으로 스며드는 것을 방해하기 때문에 하천 지류를 마르게 하고, 지하수를 고갈시키며, 갑작스럽게 폭우가 내리면 큰 홍수 피해를 입습니다. 실제로 2017년 서울연구원의 「도심환경 보고서」에 따르면 1960년대 7.8퍼센트밖에 안 됐던 불투수율이 2000년대 초반에는 47.1퍼센트로 늘어났고, 2013년에는 무려 82퍼센트에 이르렀다고 합니다. 하늘에서 내리는 비가 제대로 순환되지 않고 큰 강과 바다로 바로 배출되는 상황인 것이지요.

계절적으로 강우량의 차이가 많이 나는 우리나라는 예로부터 빗물 재활용에 관심이 많았던 민족입니다. 특히 물이 귀했던 제주에는 빗물 재활용과 관련된 여러 민속품이 남아 있지요. 지하수 고갈과 관련해서 불투수성 아스팔트를 투수성으로 대체해 나가는 한편 보다 적극적인 방법으로 빗물 재활용 시설을 도입하는 사례가 있습니다. 흔히 빗물 재활용 시설하면 큰 용량의 댐 건설을 떠올립니다. 하지만 댐은 복잡한 수질 관리가 필요하고, 필요한 곳까지 이동하는 데도 많은 에너지가 사용됩니다. 서울대학교 빗물연구센터는 5년 동안 대학교 기숙사

빗물저금통을 설치해 빗물을 모아두면 텃밭이나 조경, 청소용수 등으로 재이용할 수 있다.

의 빗물 재활용 시설을 운영해 온 경험을 바탕으로 옥상 및 학교 운동장 등의 부지에 설치된 빗물 저장 탱크를 이용한 물 순환 및 에너지 절약 기술을 실험해 왔습니다. 또 경기도 수원시와 '빗물 도시' 프로젝트를 시작했는데, 이 프로젝트는 공공시설이나 희망하는 기업과 각 가정에 빗물 저장 시설 설치를 지원합니다. 서울시 광진구에서는 대규모 아파트 단지가 건립되면 주변 저지대가 침수될 것을 우려한 지방자치단체가 주상 복합 건물의 건축주에게 용적률 인센티브를 주고, 대신 지하 빗물 저장 시설을 만들도록 적극 유도한 사례도 있습니다.

이처럼 인간은 이제 무조건 환경을 파괴하면서 살아가지는 않습니다. 오히려 발달한 과학기술로 환경을 적극적으로 관리하며 삶의 질을 높여가고 있는 것입니다. 지금처럼 인구밀도가 높고 산업화, 도시화가 가속화되는 시대에 환경과 자연을 그대로 내버려 두면 오히려 무분별한 개발과 이용으로 환경은 더욱 파괴될 것입니다. 효율적이고 지속 가능한 방식으로 끊임없이 환경을 개선하는 일이야말로 진짜 환경친화적인 삶일 것입니다.

아니야,
돌봄과 나눔의
새로운 문화가 필요해

지구는 하나의 유기체이다

2019년 유엔의 국가 행복지수 조사 결과 우리나라는 156개 나라 중 54위를 차지하였습니다. 경제력 분야에서 1위를 차지한 미국이 19위에 그쳤다는 결과를 봐도 경제적인 요인이 국민의 삶의 질을 결정하는 충분조건이 아니라는 것을 알 수 있습니다. 실제로 이 조사에서 다루고 있는 행복지수는 '경제적 요인, 자립, 형평성, 건강, 사회적 연대, 환경, 주관적 생활 만족도' 등을 포함한 개념입니다. 우리나라의 행복지수가 이렇게 낮은 까닭은 고도의 경제성장을 이루어 오는 과정에서 경제 이외의 다양한 가치들을 적당히 희생하면서 또는 뒤로 미루면서 달려왔기 때문입니다. 마당에 빨간 고추를 널어 말리고 평상 위에 앉아서 수박을 나누어 먹던, 동네 꼬맹이들의 술래잡기 놀이터였던 동네 골목길은 자동차가 다닐 수 없다는 이유로 사라진 지 오래입니다. 동네 구석구석까지 일방통행으로 자동차가 다니게 되면서 아이들의 등하굣길이 자동차의 위협을 받고 있습니다. 현대를 살아가는 대다수 사람들의 삶의 터전인 도시에서 행복하게 살기 위해서는 성장 우선주의가 아닌 다른 각도로 세상을 보는 것이 꼭 필요합니다.

환경에 대해 이야기할 때 환경을 자연에 국한시키는 경우가 많습니다. 특히 도시의 환경 문제를 이야기할 때면, 도시의 인구 집중과 경제 발전 과정에서 수반되는 자연환경의 오염 및 자연 자원의 부족을 해결하는 데에만 초점이 맞추어지게 됩니다. 각종 도시 정책들이 효율적인 도시 공간 관리와 과학기술 개발로 문제 접근을 하는 것도 이 때문입니다. 그러나 도롱뇽 소송으로 유명한 KTX 천성산 터널 개발처럼 막상 자연환경의 훼손이 가시적인 쟁점이 되어도 개발에 따른 경제적 이유들이 우선시됩니다. 대를 위해 소를 희생한다는 차원에서 항상 자연환경은 인간 문명의 진보를 위해 양보의 대상이 되어 온 것입니다. 오히려 개발의 대상이 되는 자연환경의 보존을 끝까지 외치면 인간의 삶은 돌보지 않는다며, '생태 근본주의자■'라고 고립시키기도 하지요.

과연 그럴까요? 여기 환경에 대해 색다른 정의들이 있습니다. 자연은 단독 개념이고, 환경은 관계적 개념이라는 것이지요. 자연은 그 자체로서 의미가 성립되지만, 환경은 다른 실체와의 관계적 맥락 속에서만 성립된다는 것입니다. 인간이 편의를 위해 사용한 프레온가스■가 자외선을 막아 주던 지구 오존층을 파괴하고 남극 상공에 구멍을 내듯이, 그린벨트 안의 조그만 습지에서 해마다 쉬어 가던 철새들이 다음 해 아파트 단지가 들어서자 쉴 곳을 찾아 헤매야 하듯이, 지구는 하나의 거대한 유기체입니다. 하지만 과학기술 발전을

■ **생태 근본주의자**
근본주의란 종교적 원칙이나 신념을 철저히 따르려는 태도로, 생태 근본주의자란 환경 보존을 최우선 목적으로 놓고 어느 것과도 타협하지 않는 사람을 말한다.

■ **프레온가스**
염소와 불소를 포함한 유기 화합물의 총칭. 에어컨의 냉매, 스프레이의 분사제, 반도체의 세정제 등 폭넓게 사용되다가 오존층을 파괴하는 원인으로 밝혀져 사용이 금지되었다.

통한 인간 사회의 발전은 '자연의 죽음', '자연의 침묵'과 역사를 같이 하고 있습니다. 거대한 쓰레기 산이었던 난지도가 월드컵 생태공원으로 탈바꿈한 것처럼 사람들의 생각 속에서 인간을 위해 희생된 자연환경은 경제력과 기술력만 뒷받침되면 언제든지 복구 가능한 인공 환경의 한 부분일 뿐입니다. 이제는 지구가 하나의 거대한 유기체이며, 환경을 관계적 개념으로 인식해야 합니다. 그러기 위해서는 먼저 나 자신이 놓인 촘촘한 관계들을 확인할 필요가 있습니다. 나와 관계하는, 나에게 영향을 주는 모든 요소들이 환경을 구성하고 있습니다. 가족과 이웃, 동네에 보이는 꽃과 나무, 뒷산, 동네를 이루는 문화 이러한 것들이 확장되어 지역을 이루고 국가를 이루고 세계를 이루고 지구를 이룹니다. 이 관계를 오르내리다 보면 거대한 지구의 품 안에서 내가 지고 있는 빚과 내가 남긴 발자국, 그리고 내가 짊어져야 할 책무들이 보일 것입니다.

도시에 생기를 불어넣는 도시농업

농업은 이제까지 농촌의 전유물로 여겨져 왔습니다. 하지만 도시에서도 농업을 할 수 있습니다. 도시농업은 도시 환경 보존, 녹지 공간 창출, 정서적인 공간 제공, 교육의 기회 제공 등 여러 가지 의미를 갖고 있습니다. 도시와 자연 생태계를 연결시켜 콘크리트 회색빛 도시에 생기를 불어넣어 줄 수 있는 것이지요. 도시농업은 흙에서 멀어진 도시민들이 자신의 먹거리 중 일부를 직접 기르고 수확하면서 자연을 좀 더 가까이 느끼고 살아가는 방법입니다. 가족의 건강과 아이들 교육이라는 소박한 목적으로 대부분 시작하지만, 나날이 쑥쑥 올라오는 푸른 잎들을 보면서 햇빛과 물과 땅의 위력에 고개를

숙이고 자연에 대한 경외심을 회복하게 됩니다. 또 농사를 짓다 보면 화학비료나 농약을 쓰지 않고 농사짓는 일의 어려움을 잘 알게 되고 겉이 번지르르한 채소보다는 구멍이 좀 뚫려도 정직하게 농사지은 농산물을 구입하게 됩니다.

도시농업은 또한 도시녹화를 이끌어 낼 수 있습니다. 도시녹화는 내 집 마당, 아파트 베란다, 건물 옥상에서부터 시작할 수 있습니다. 고무통에 음식 찌꺼기를 묻어 비료를 만드는 것이 생각보다 어렵지는 않습니다. 실내에 지렁이 화분을 키워 음식 찌꺼기로 퇴비를 만드는 집들도 있습니다.

도시농업 하면 가장 먼저 떠오르는 도시는 쿠바의 아바나입니다. 쿠바는 1990년대 초, 소련의 경제원조가 끊기고 미국의 경제봉쇄를 통해 극심한 식량 위기에 처했습니다. 그래서 당장 먹고살기가 어려운 상황을 극복하기 위해 도시농업이 시작되었다고 합니다. 도시농업을 처음 시작할 당시만 해도 쿠바는 서울보다 녹지 비율이 적었습니다. 하지만 쿠바 정부는 흙 상자식 밭을 개발하여 각 가정에 보급했고, 농업 기술사들을 초보 농사꾼들에게 보내 교육을 했습니다. 석유가 수입이 안 되니까 당연히 화학비료나 농약을 만들 수도 없었지요. 때문에 국가에서 바이오 농약을 개발하고 지렁이를 보급해 말 그대로 친환경 농법으로 생산량을 늘려 나갔습니다. 우리가 쿠바에서 눈여겨볼 또 다른 대목은 도시 농업을 통해서 농업 노동자, 경작용 화단을 만드는 벽돌공, 허브 가공업자, 퇴비 생산업자 등 16만 명이나 되는 새로운 일자리가 만들어졌다는 점입니다.

쿠바의 도시 농업. 도시 안 또는 근교의 공터를 활용해 농장을 만든다.

쿠바의 도시농업 기술에 감명을 받은 미국 샌프란시스코의 한 시민단체는 시내에 있는 쓸모없는 습지를 밭으로 만들어 도시농업을 시작하였습니다. 그 결과 가정형편이 어려운 청소년은 아르바이트로 일을 해서 살림에 보탬이 되었고, 수확한 농산물로 2차 가공품을 만들어 판매한 수익금은 독거노인이나 노인정을 후원하는 데 사용되었습니다. 독일의 경우 19세기 초반 의사 슈레버가 환자들의 치유를 돕기 위해 소정원을 운영한 것을 시작으로 오늘날 도시 텃밭 경작과 관련한 법률 제정이 이루어질 정도로 도시농업이 발전하게 되었습니다. 우리나라도 옛날부터 농사를 주업으로 해 왔고, 아직도 본격적인 산업화 이전 농사일을 해본 고령층이 텃밭 농사의 경험을 가지고 있기 때문에 도시 농업 활성화의 가능성은 밝다고 볼 수 있습니다.

돌봄이 있는 도시 만들기

쓰레기는 지나친 자원과 에너지 소비의 결과로 발생합니다. 그럼에도 사람들은 쓰레기 소각장을 혐오 시설로 여기며 소각장 건설 위치 선정 문제로 끊임없이 다툼을 겪고 있습니다. 분쟁을 피하기 위해 소각장을 지역 내에서 거주 인구 수가 적은 시 경계 지역에 건설하면 이웃 행정구역에서 그 피해를 보게 되는 경우가 생긴다는 이유로 다시 분쟁이 발생하고요. 발전소나 화장장과 같은 시설의 건설도 마찬가지입니다. A시는 지역의 외곽에 화장터를 건립할 예정인데 이곳은 A시 입장에서는 거주민 수가 거의 없는 편이지만 이웃의 B시 입장에서 보면 중심가에서 가까운 곳이라 화장터가 들어서면 다이옥신■의 피해를 주택가에서 고스란히 겪게 된다는 것이지요. 어떻게

■ **다이옥신**
무색·무취의 맹독성 화학물질로, 주로 쓰레기 소각장에서 발생하는 환경 호르몬이다. 인체에 흡수되면 반영구적으로 축적되어 암 발생, 기형아 출산의 원인이 된다고 알려져 있다.

이 문제를 해결할 수 있을까요?

돌봄이 있는 도시에서는 이러한 문제들을 전혀 다른 방식으로 접근합니다. 내 이익을 위해 타인을, 인간의 이익을 위해 자연을 희생시키는 것이 아니라 지금까지의 삶의 방식을 변화시키는 데서 먼저 해결법을 찾는 것입니다. 다이옥신 방출을 막는 기술을 개발한다 한들, 인구가 적은 외진 곳에 쓰레기 소각장을 건설한다 한들 문제는 절대 해결되지 않습니다. 우리 스스로가 지나친 자원 낭비를 줄여 쓰레기 자체를 줄이는 것이 우선입니다. 효율적인 기술과 관리 정책이 동원된다고 하더라도 대량 생산, 대량 소비의 생활양식이 계속된다면 어떠한 문제도 해결되지 않을 것입니다. 기름진 식단으로 비만을 걱정하는 대신 식량이 부족한 사람들을 떠올리며 육식 소비를 줄이고, 가공과 운송에 화석연료를 사용해야 하는 식품보다는 가까운 곳에서 제철에 난 음식을 구입하려는 노력은 많은 것을 바꾸어 낼 수 있습니다. 대기업을 등에 업은 대형 마트가 동네 구멍가게들을 몰아내고 있습니다. 식품 가공 회사와 대기업의 자본력 덕분에 가격이 저렴한 대형 마트에서 물건을 사는 것이 당장은 이익처럼 느껴질 수 있습니다. 하지만 대형 마트는 대량 소비를 조장하고, 그 이익도 지역에 환원되지 않습니다. 공정한 거래를 통해 생산자에게 적절한 비용이 지불되는지, 물건을 만드는 사람과 물건을 사는 사람 모두에게 이익이 돌아가는지, 이 물건이 자연에 해를 끼치지 않는 녹색 상품인지, 이 물건을 구입함으로써 내가 사는 동네의 지역 상권을 살릴 수 있는지, 무엇보다 이 물건의 구입이 정말 필요한 소비인지를 고려하는 착한 소비■ 역시 돌봄이 있는 삶의 중요한 양식 중 하나입니다.

■ **착한 소비**
물건을 만든 사람에게 정당한 대가가 돌아가는 공정무역 제품이나 친환경·유기농 제품 등 환경과 사람, 동물에게 해를 끼치지 않는 제품과 서비스를 구매하고 사용하는 것을 말한다. 윤리적 소비라고도 한다.

과거, 현재, 미래를 잇는 소비, 녹색가게와 아름다운가게

녹색가게는 이름 그대로 이윤 추구가 목적이 아닌, 녹색 소비문화를 정착시키기 위한 공간입니다. 1990년대 경기도 과천의 생활협동조합 회원들이 공원에서 알뜰시장을 열어 오던 것을 시작으로, 현재 전국 수십 개 매장에서 수많은 사람들이 생활용품을 다시 쓰고 바꿔 쓰고 있습니다. 자신에게 필요 없는 물건을 들고 녹색가게를 방문하면 녹색카드에 금액을 적립해 주고, 이 적립금으로 나중에 녹색가게의 다른 물품을 구입할 수 있습니다. 적립금은 매장을 넘어 지역사회에서 지역 화폐■로 유통되면서 서로가 가진 다양한 서비스를 교환할 수도 있습니다. 또 되살림 강좌라는 이름으로 낡은 청바지, 오래된 넥타이, 몇 번 쓰고 망가진 우산, 과자 봉지 등으로 개성 있는 물품 만들기도 진행하는데, 마주 보고 있는 사람과 사는 이야기를 나누며 한 땀 한 땀 놓는 바느질에서 삶의 여유를 느낄 수도 있습니다.

■ **지역 화폐**
특정한 지역에서 현금을 사용하지 않고 물건과 서비스를 교환하는 통화 체계. 우리나라의 전통인 품앗이와 같은 개념이다. 1983년 캐나다의 마이클 린턴이 사용하기 시작해 전 세계로 빠르게 퍼져 나갔다. 지역 통화, 에코 머니, 미래 화폐 등 다양한 이름으로 불린다.

되살림이라는 용어는 녹색 소비문화를 통해 지구를 다시 살린다는 뜻입니다. 필요 없는 소비의 자제, 친환경적인 제품의 선택, 재사용과 재활용을 넘어 버려지는 물건을 다시 살리는 데까지 이른 것입니다. 2000년대 초반에 문을 연 아름다운가게도 마찬가지입니다. 이 두 가게 모두 소비 물품들을 교환하고 순환시켜 자원의 수명을 연장시키는 대안적인 생활양식을 실천할 수 있는 공간입니다. 소비가 미덕이라는 자본주의 논리에 정면으로 도전하는 것이지요.

■ **지속 가능성**
생태계가 감당할 수 있는 범위 안에서 삶의 질을 추구해야 한다는 개념. 미래 세대가 쓸 환경과 자원을 손상시키지 않으면서 현재 세대의 필요를 충족해야 한다.

한 사회의 지속 가능성■은 경제력이나 과학기술을 이용한 환경의 관리에 좌우되지 않습니다. 그 사회의 구성원들이 어떤 환경이 지속되기를 꿈꾸는지, 그들이 꿈꾸는 환경을 만들어 가기 위해 구체적으로 어떤 실천을 하는지에 달려 있습니다. 나와 다른 생명체도 함께 살아가야 한다는 생각, 나의 삶과 다른 이의 삶이 따로 떨어져 있지 않다는 생각, 미래는 현재와 이어져 있다는 생각, 우리 모두가 지구 전체의 생명과 생태계에 책임이 있는 존재라는 생각으로 돌봄이 있는 도시를 만들어 나가는 일이 필요합니다. 일상의 삶과 동떨어진 공허한 환경보호가 아니라 각자의 일상에서 작지만 소중한 생태적인 삶을 실천해 나가는 것이야말로 진정한 환경친화적인 삶이자 행복한 삶인 것입니다.

입장 정하기

● **두 글에서 주장의 근거로 제시한 내용을 각각 요약해 봅시다.**

● **다음 쟁점에 대하여 자신의 입장을 정하고 근거를 제시해 봅시다.**

쟁점1 인간은 문명의 발전을 위해 자연환경을 계속 개척해 가야 한다.

	그렇다	아니다
근거		

쟁점2 도시 발전의 과정에서 발생한 각종 환경 문제를 과학기술로 극복할 수 있다.

	그렇다	아니다
근거		

쟁점3 녹색 성장을 통해 경제와 환경의 조화로운 균형이 가능하다.

	그렇다	아니다
근거		

● **여러분이 대통령 후보로 TV 토론에 나왔습니다. 여러분은 토론회에서 어떤 환경 공약을 제시하고 싶나요? 여러분만의 환경 공약을 적어 봅시다.**

탄소발자국, 남길까? 지울까!

생태적 삶을 위한 작은 실천

여러분은 혹시 물건을 살 때 탄소라벨이 붙어 있는 제품을 사나요? 라벨이라고 하니 명품 옷에 붙는 블랙 라벨이 생각난다고요? 맞습니다. 탄소라벨이 붙어 있는 제품은 명품이에요. 지구를 살리는 진짜 명품! 탄소라벨은 자동차, 에어컨에서부터 과자와 음료수까지 제품의 생산, 유통, 사용, 폐기 과정에 발생하는 온실가스 배출량을 발자국 형태로 제품에 표기한 라벨이지요. 탄소발자국이 무엇인지도 알아볼까요?

지구에 남기는 나의 탄소발자국

탄소발자국(Carbon Footprint)은 인간 활동이 자연환경, 특히 기후변화에 주는 영향을 가시적으로 보여 주기 위해 고안된 상징적인 방법입니다. 인간이 지구에 지우는 환경 부담을 표현하는 개념이지요. 땅 위를 걸으면 발자국을 남기듯 우리 눈에 보이지는 않지만 지구환경에 또 하나의 발자국을 남긴다는 뜻을 담고 있습니다. 2006년 영국 의회 과학기술처(POST)가 만들어 낸 이 용어는 소비되는 제품에서 이산화탄소가 얼마나 발생하는지를 알려 줍니다. 예를 들어 자전거를 타면 1킬로미터당 0킬로그램의 탄소가 발생하지만, 자동차를 타면 1킬로미터당 5.25킬로그램의 탄소가 발생합니다.

영국은 2007년부터 소비자가 구입하는 제품들에 탄소발자국을 표시한 탄소라벨링 제도를 도입했습니다. 이후 스웨덴, 캐나다, 미국, 일본 등에서 시행하고 있으며 우리나라도 2009년부터 일부 품목에 한해서 생산, 유통, 폐기 시 발생될 것으로 예상되는 이산화탄소 총량을 기준으로 탄소성적표지제를 시행하고 있습니다. 콜라 한 캔을 마실 때마다 이산화탄소 168그램이 배출된다고 하니, 이제부터 다이어트를 위해 칼로리만 확인하지 말고 지구의 탄소 다이어트를 위해 탄소발자국 수치가 얼마인지도 확인하는 건 어떨까요?

그런데 이산화탄소 배출량이 그램(g) 또는 킬로그램(kg)

으로 표시되어 있으면 실제로 이산화탄소가 얼마나 발생하는지 피부에 와닿지 않습니다. 그래서 탄소발자국 라벨에는 탄소발자국을 없애려면 나무가 몇 그루 필요한지도 함께 표시하기도 하지요. 보통 이산화탄소 3킬로그램당 소나무 한 그루를 심어야 한다고 말하는데, 이 양은 1년간 배출된 이산화탄소의 양과 1년 동안 소나무가 이산화탄소를 흡수하고 산소를 내뿜어야 하는 양을 환산한 값이지요. 나무가 흡수하는 이산화탄소의 양은 나무의 종류마다 조금씩 다릅니다. 아직도 실감이 안 난다고요? 공기 중에 1년 동안 이산화탄소가 1톤 배출되었다면, 이를 없애기 위해서는 한 해 동안 30년생 잣나무 360그루가 단 하루도 거르지 않고 신선한 산소를 뿜어내야 한답니다. 우리나라 4인 가족이 평균적으로 뿜어내는 이산화탄소를 없애려면 해마다 잣나무 200그루를 심어야 하고요. 어마어마한 값입니다.

탄소발자국 계산하기

한국기후 · 환경 네트워크 인터넷 사이트에서 제공하는 '탄소발자국 계산기'에 가정이나 기업에서 사용하는 전기, 가스, 석유, 자가용 이동 거리 등을 입력하면 우리가 일상생활을 영위하기 위해 사용하는 화석연료에서 발생하는 온실 기체의 양이 표시됩니다. 뿐만 아니라 '탄소발자국 기록장'이 있어서 온실가스 1인 1톤 줄이기 실천서약과 함께 월이나 주 단위로 나의 실천을 기록할 수 있습니다. 우리동네 온실가스 정보센터에서 제공하는 계산기는 지구에 남긴 탄소발자국을 지우기 위해 우리가 심어야 할 나무의 그루 수를 알려 줍니다. 종이컵을 예로 들면 컵의 무게는 5그램 정도 되지만, 탄소발자국은 두 배가 넘는 11그램이나 된다고 합니다. 또한 종이컵 사용이 남긴 탄소발자국을 지우기 위해서는 전 국민이 일 년에 나무 한 그루씩을 심어야 된다고 합니다. 일 년에 몇백 그루의 나무를 심을 자신이 없다면 일상생활에서 탄소발자국을 줄일 방법을 찾는 노력을 해야겠지요?

한국기후 · 환경네트워크 http://www.kceu.kr

우리동네 온실가스 계산기 http://www.woodong.or.kr/calculator

참고자료

극지방 개발

· 남종영, 『북극곰은 걷고 싶다』, 한겨레출판사, 2009
· 키어런 멀바니, 『땅끝에서』, 솔, 2005
· 헨리 폴락, 『얼음 없는 세상』, 추수밭, 2010
· 김태호, 『남극과 북극의 궁금증 100가지』, 푸른길, 2009
· 앨 고어, 『불편한 진실』, 좋은생각, 2006
· 극지연구소 http://www.kopri.re.kr

원자력 에너지

· 오수길 외, 『기후변화의 유혹, 원자력』, 환경재단도요새, 2011
· 헬렌 칼디코트, 『원자력은 아니다』, 양문, 2007
· 신부용, 『대안 없는 대안 원자력발전』, 생각의나무, 2005
· 임은모, 『그린 에너지 원자력』, 이담북스, 2010
· 한국에너지정보문화재단 http://www.keia.or.kr
· 한국원자력통제기술원 http://www.kinac.re.kr
· 한국수력원자력 http://www.khnp.co.kr
· 방사선 폐기물 안전관리 통합정보시스템 http://wacid.kins.re.kr
· 한국원자력안전기술원 http://www.kins.re.kr
· 에너지정의행동 http://energyjugtics.kr

강 살리기

· 김종원, 『하천 생태학 그리고 낙동강』, 계명대학교출판부, 2009
· 브라이언 릭터 외, 『생명의 강』, 뿌리와이파리, 2009
· 최병성, 『강은 살아 있다』, 황소걸음, 2009
· 김정욱, 『나는 반대한다』, 느린걸음, 2010
· 김창완 외, 『4대강 살리기 마스터플랜』, 국토해양부, 2009
· 김환영, 『4대강 사업을 말한다』, 동쪽나라, 2010

바이러스

· 김우주, 『이기적인 바이러스 플루』, 동아일보사, 2009
· 마이크 데이비스, 『조류독감』, 돌베개, 2008
· 정가진 외, 『신종플루 출생 비밀의 추적』, 학술정보센터, 2010
· 앤드류 니키포룩, 『대혼란』, 알마, 2010
· 테렌스 스티븐슨, 『신종 플루의 진실』, 시그마북스, 2010
· 최강석, 『바이러스의 습격』, 살림, 2009

나노기술

· 김문제, 『나노에 둘러싸인 하루』, 살림FRIEND, 2010
· 이인식, 『나노기술이 세상을 바꾼다』, 고즈윈, 2009
· 김대준 외, 『나노기술의 이해』, 한티미디어, 2004
· 홍성욱 외, 『욕망하는 테크놀로지』, 동아시아, 2009
· 대니얼 레트너, 『나노테크놀로지』, 야스미디어, 2004
· 이상욱, 『과학기술의 철학적 이해』, 한양대학교출판부, 2008
· 한국과학기술기획평가원 http://www.kistep.re.kr

유전자 조작

· 마틴 티틀 외, 『먹지마세요 GMO』, 미지북스, 2008
· 김훈기, 『유전자가 세상을 바꾼다』, 궁리, 2004
· 윌리엄 엥달, 『파괴의 씨앗 GMO』, 길, 2009
· 홀리 드레슬 외,『벌거벗은 원숭이에서 슈퍼맨으로』, 검둥소, 2009
· 김은진, 『유전자조작 밥상을 치워라』, 도솔, 2009
· 경규항 외, 『유전자재조합 식품의 안정성』, 한국식품안전연구원, 2009
· 사이언스 온, 『GMO 논쟁 상자를 다시 열다』, 한겨레신문사, 2010

줄기세포

· 이언 윌머트 외, 『복제양 돌리 탄생 그 후』, 사이언스북스, 2009
· 강양구 외, 『침묵과 열광 - 황우석 사태 7년의 기록』, 후마니타스, 2006
· 라정찬, 『고맙다, 줄기세포』, 위즈덤하우스, 2010
· 박세필, 『줄기세포 : 생명공학의 위대한 도전』, 동아사이언스, 2005
· 크리스토퍼 토머스, 『줄기세포 : 새로운 생명 정치학까지』, 한승, 2006
· 마이클 샌델, 『생명의 윤리를 말하다』, 동녘, 2010

생태적 삶

· 헬레나 노르베리 호지, 『오래된 미래』, 녹색평론사, 2003
· 문순홍, 『생태학의 담론』, 아르케, 2006
· 캐롤린 머천트, 『래디컬 에콜로지』, 이후, 2001
· 에드워드 렐프, 『장소와 장소상실』, 논형, 2005
· R.G. 콜링우드, 『자연이라는 개념』, 이제이북스, 2004
· 로지 브라이도티, 『여성과 환경 그리고 지속가능한 개발』, 나라사랑, 1995
· 레이첼 카슨, 『자연, 그 경이로움에 대하여』, 에코리브르, 2002
· 정혜진, 『착한 도시가 지구를 살린다』, 녹색평론사, 2007
· 최병두 외, 『녹색전망』, 도요새, 2002
· J.R. 데자르뎅, 『환경윤리』, 자작나무, 1999

정답을 넘어서는 토론학교 과학

초 판 1쇄 펴낸날 2011년 4월 5일
개정판 1쇄 펴낸날 2019년 6월 14일
개정판 9쇄 펴낸날 2024년 8월 7일

지은이 가치를꿈꾸는과학교사모임
펴낸이 홍지연

기획 김주환
디자인기획 민진기디자인
일러스트 이경국
편집 홍소연 김선아 이태화 김영은 차소영 서경민
디자인 이정화 박태연 박해연 정든해
마케팅 강점원 최은 신종연 김가영 김동휘
경영지원 정상희 여주현

펴낸곳 ㈜우리학교
등록 제313-2009-26호(2009년 1월 5일)
제조국 대한민국
주소 04029 서울시 마포구 동교로12안길 8
전화 02-6012-6094
팩스 02-6442-6092
이메일 woorischool@naver.com

ISBN 979-11-87050-92-6 43400